水利工程施工安全管理研究

典松鹤　苗春雷　刘春成　主编

延边大学出版社

图书在版编目（CIP）数据

水利工程施工安全管理研究 / 典松鹤，苗春雷，刘春成主编. -- 延吉 : 延边大学出版社, 2023.6
ISBN 978-7-230-05147-7

Ⅰ. ①水… Ⅱ. ①典… ②苗… ③刘… Ⅲ. ①水利工程－工程施工－安全管理－研究 Ⅳ. ①TV513

中国国家版本馆CIP数据核字(2023)第112943号

水利工程施工安全管理研究

主　　编：典松鹤　苗春雷　刘春成
责任编辑：耿亚龙
封面设计：文合文化
出版发行：延边大学出版社
社　　址：吉林省延吉市公园路977号　　　邮　　编：133002
网　　址：http://www.ydcbs.com　　　　 E-mail：ydcbs@ydcbs.com
电　　话：0433-2732435　　　　　　　　 传　　真：0433-2732434
印　　刷：三河市嵩川印刷有限公司
开　　本：710×1000　1/16
印　　张：12
字　　数：200 千字
版　　次：2023 年 6 月 第 1 版
印　　次：2023 年 6 月 第 1 次印刷
书　　号：ISBN 978-7-230-05147-7

定价：65.00 元

编 写 成 员

主　　编：典松鹤　苗春雷　刘春成

副 主 编：马　宇　孙继会　张　霄　王金陆

　　　　　李　博　李　达　席　晶　商　健

编　　委：李浩澄　夏　兴　马立平　平小东　李洪鑫

　　　　　张　丹　刘　伟　赵　夺

编写单位：河南省白龟山水库运行中心

　　　　　唐山市滦河下游灌溉事务中心

　　　　　菏泽市水务事业发展中心

　　　　　辽宁润中供水有限责任公司

　　　　　辽水集团水利电力开发（普兰店）有限责任公司

　　　　　吐鲁番市高昌区水管总站

　　　　　黑龙江省水利投资集团有限公司

　　　　　湖北立恒建设工程有限公司

宽甸满族自治县天隆水电工程有限责任公司

辽宁天缘汇丰建筑安装有限公司

辽宁腾跃建设工程有限公司

大连宏岩水利工程有限公司

辽宁鼎丰方正建筑工程有限公司

营口海源建设工程有限公司

鞍山龙逸水利水电建筑工程有限公司

前　　言

在社会发展的过程中，水利工程是促进国民经济发展、保障社会安定的重要设施，所以在水利工程施工中要重视安全管理。提高安全管理质量和水平，不仅能够为水利工程施工项目的质量提供保障，而且还能够最大限度提升水利企业在市场中的综合竞争力。安全管理对于水利工程施工具有重要意义，并与政府形象息息相关，因此需要引起相关人员的重视。以此为基础，在水利工程中，提高对安全施工的重视程度，加大资金投入，加强施工人员的安全意识，能有效提高安全管理的力度。所以，为保证水利工程施工能够顺利进行，可以将文中的具体措施应用在工作中。

水利工程施工的核心就是安全管理，对企业的管理水平进行完善，可促进企业的安全生产和发展。水利工程建设对农业的稳定发展有着十分重要的意义，能保障民生安全。水利工程企业要对安全施工的作业环境加强监管，减少安全隐患，把安全作为企业生产的重中之重，让每一个施工人员都树立安全意识，提高对水利工程施工安全的认知，积极践行企业对于安全管理的规章制度，为企业经济效益的提升构建和谐安全的生产环境，推动企业的健康发展。

本书在编写过程中，参阅了大量的文献资料，引用了诸多专家学者的研究成果，在此一并表示最诚挚的感谢。由于时间仓促，加之笔者水平有限，书中难免存在不足之处，敬请广大读者和各位同行予以批评、指正。

笔者

2023 年 4 月

目　录

第一章　水利工程安全管理

第一节　安全管理概述

施工安全管理是施工企业全体职工及各部门同心协力，把专业技术、生产管理、数理统计和安全教育结合起来，为达到安全生产目的而采取各种措施的管理。建立施工技术组织全过程的安全保证体系，实现安全生产、文明施工。安全管理的基本要求是以预防为主，依靠科学的安全管理理论、程序和方法，使施工生产过程中潜在的危险因素处于受控状态，消除事故隐患，确保施工生产安全。

一、安全管理的内容

（一）建立安全生产制度

安全生产制度必须符合国家和地区的有关政策、法规、条例和规程，并结合施工项目的特点，明确各级各类人员安全生产责任制，要求全体人员必须认真贯彻执行。

（二）坚持安全教育和安全技术培训

组织全体人员认真学习国家、地方和本企业的安全生产责任制、安全技术规程、安全操作规程和劳动保护条例等。新工人进入岗位之前要进行安全纪律教育，特种专业作业人员要进行专业安全技术培训，考核合格后方能上岗。要使全体职工经常保持高度的安全生产意识，牢固树立"安全第一"的思想。

（三）组织安全检查

为了确保安全生产，必须严格安全督察，建立健全安全督察制度。安全检查员要经常查看现场，及时排除施工中的不安全因素，纠正违章作业，监督安全技术措施的执行，不断改善劳动条件，防止工伤事故的发生。

（四）进行事故处理

人身伤亡和各种安全事故发生后，应立即进行调查，了解事故产生的原因、过程和后果，提出鉴定意见。在总结经验教训的基础上，有针对性地制定防止事故再次发生的可靠措施。

二、施工项目安全管理范围

安全管理的中心问题，是保护生产活动中人的安全与健康，保证生产顺利进行。宏观的安全管理包括：

1.劳动保护。侧重于政策、规程、条例、制度等形式的操作或管理行为，从而使劳动者的安全与身体健康得到应有的法律保障。

2.安全技术。侧重于对劳动手段和劳动对象的管理，包括预防伤亡事故的工程技术和安全技术规范、技术规定、标准、条例等，以规范物的状态，减少或消除对人和物的危害。

3.工业卫生。重点关注工业生产中对高温、振动、噪声、毒物的管理，通过防护、医疗、保健等措施，防止劳动者的安全与健康受到危害。

从生产管理的角度来看，安全管理是国家或企事业单位安全部门的基本职能。它运用行政、法律、经济、教育和科学技术手段等，协调社会经济发展与安全生产的关系，处理国民经济各部门、各社会集团和个人有关安全问题的相互关系，使社会经济发展在满足人们的物质和文化生活需要的同时，满足社会和个人的安全方面的要求，保证社会经济活动和生产科研活动顺利进行，有效发展。

施工现场中直接从事生产作业的人密集，机、料集中，存在多种危险因素。因此，施工现场属于事故多发的作业现场。控制人的不安全行为和物的不安全状态，是施工现场安全管理的重点，也是预防与避免伤害事故、保证生产处于最佳安全状态的根本环节。

施工现场安全管理的内容，大体可归纳为安全组织管理、场地与设备管理、行为控制和安全技术管理四个方面，分别对生产中的人、物、环境的行为与状态进行具体的管理与控制。

三、安全管理的基本原则

为有效地将生产因素的状态控制好，在实施安全管理过程中，必须正确处理好五种关系，坚持六项管理原则。

（一）正确处理五种关系

1.安全与危险。有危险才要进行安全管理。保持生产的安全状态，必须采取多种措施，以预防为主，危险因素就可以得到控制。

2.安全与生产。安全是生产的客观要求。生产有了安全保障，才能持续稳定地进行。如果生产过程中事故不断，那么生产势必陷入混乱甚至瘫痪状态。

3.安全与质量。从广义上看，质量包含安全工作质量，安全概念也内含着质量，二者交互作用，互为因果。

4.安全与速度。安全与速度成正比例关系，速度应以安全为保障。一味强调速度，置安全于不顾的做法是极其有害的，一旦酿成不幸，非但无速度可言，反而会延误时间。

5.安全与效益。安全技术措施的实施，定会改善劳动条件，调动职工积极性，由此带来的经济效益足以使原来的投入得到补偿。

（二）坚持安全管理六项基本原则

1.兼顾管生产和管安全。安全管理是生产管理的重要组成部分，各级领导在管理生产的同时，必须负责管理安全工作。企业中各有关专职机构，都应在各自的业务范围内，对安全生产负责。

2.坚持安全管理的目的性。没有明确目的的安全管理是一种盲目行为，既劳民伤财，又不能消除危险因素。只有有针对性地控制人的不安全行为和物的不安全状态，消除或避免事故，才能达到保护劳动者安全与健康的目的。

3.必须贯彻以预防为主的方针。安全管理不是事故处理，而是在生产活动中，针对生产的特点，对生产因素采取鼓励措施，有效地控制不安全因素的发展与扩大，把可能发生的事故消灭在萌芽状态。

4.坚持"四全"动态管理。安全管理涉及生产活动的方方面面，涉及从开工、竣工到交付使用的全部生产过程，涉及全部的生产时间和一切变化着的生产因素，是一切与生产有关的人员共同的工作。因此，在生产过程中，必须坚持全员、全过程、全方位、全天候的动态安全管理。

5.安全管理重在控制。在安全管理的四项工作内容中，对生产因素状态的控制，与安全管理目的有着更直接的关系，作用更突出。因此，必须对生产中人的不安全行为和物的不安全状态进行控制，作为动态安全管理的重点。

6.在管理中发展、提高。要不间断地摸索新的规律，总结管理、控制的办法和经验，指导新的变化后的管理，从而使安全管理不断上升到新的高度。

四、安全生产责任制

（一）安全生产责任制的要求

安全生产责任制，是根据"管生产必须管安全""安全工作、人人有责"的原则，以制度的形式，明确规定各级领导和各类人员在生产活动中应负的安全职责。它是施工企业岗位责任制的一个重要组成部分，是企业安全管理中最基本的制度，是所有安全规章制度的核心。

1.施工企业各级领导人员的安全职责。明确规定施工企业各级领导在各自职责范围内做好安全工作，要将安全工作纳入自己的日常生产管理工作之中，做到在计划、布置、检查、总结、评比生产的同时，计划、布置、检查、总结、评比安全工作。

2.各有关职能部门的安全生产职责。包括施工企业的生产部门、技术部门、机械动力部门、材料部门、财务部门等，各职能机构都应在各自业务范围内，对实现安全生产的要求负责。

3.生产工人的安全职责。生产工人做好本岗位的安全工作是搞好企业安全工作的基础，企业中的一切安全生产制度都要通过他们来落实。因此，企业要求其每一名职工都能自觉遵守各项安全生产规章制度，不违章作业，并劝阻他人违章操作。

（二）安全生产责任制的制定和考核

施工现场项目经理是项目安全生产第一责任人，对安全生产负全面的领导责任。

施工现场从事与安全有关的管理、执行和检查人员，特别是独立行使权力开展工作的人员，应规定其职责、权限和相互关系，定期考核。

各项经济承包合同中要有明确的安全指标和包括奖惩办法在内的安全保

证措施。

承发包或联营各方之间依照有关法规，签订安全生产协议书，做到主体合法、内容合法和程序合法，各自的权利和义务明确。

实行施工总承包的单位，施工现场安全由总承包单位负责，总承包单位要统一领导和管理分包单位的安全生产。分包单位应就其分包工程的施工现场向总承包单位负责，认真履行承包合同规定的安全生产职责。

为了使安全生产责任制能够得到严格贯彻执行，必须使其与经济责任制挂钩。对因违章指挥、违章操作而造成事故的责任者，必须给予一定的经济制裁，情节严重的还要给予行政纪律处分，触犯刑律的，还要追究法律责任。对一贯遵章守纪、重视安全生产、成绩显著或者在预防事故等方面作出贡献的，要给予奖励，做到奖罚分明，充分调动广大职工的积极性。

（三）安全生产的目标管理

施工现场应实行安全生产目标管理，制定总的安全目标，如伤亡事故控制目标、安全达标管理目标、文明施工目标等。制定达标计划，将目标进行分解，落实责任，考核到人。

（四）安全施工技术操作规程

施工现场要建立健全各种规章制度，除安全生产责任制，还有安全技术交底制度、安全宣传教育制度、安全检查制度、安全设施验收制度、伤亡事故报告制度等。

施工现场应制定与本工地有关的各工序、各工种和各类机械作业的施工安全技术操作规程和施工安全要求，做到人人知晓，熟练掌握。

（五）施工现场安全管理网络

施工现场应该设安全专（兼）职人员或安全机构，主要任务是负责施工现场的安全监督检查。安全员应按中华人民共和国住房和城乡建设部的规定，每年集中培训，经考试合格才能上岗。

施工现场要建立以项目经理为组长、由各职能机构和分包单位负责人和安全管理人员参加的安全生产管理小组，组成自上而下覆盖各单位、各部门、各班组的安全生产管理网络。

要建立由工地领导参加的包括施工人员、安全员在内的轮流值班制度，检查监督施工现场及班组安全制度的执行情况，并做好安全值班记录。

五、安全生产检查

（一）安全检查的内容

施工现场应建立各级安全检查制度，工程项目部在施工过程中应组织定期和不定期的安全检查。主要是查思想、查制度、查教育培训、查机械设备、查安全设施、查操作行为、查劳保用品的作用、查伤亡事故的处理等。

（二）安全检查的要求

1.各种安全检查都应该根据检查要求配备力量。特别是大范围、全面性安全检查，要明确检查负责人，抽调专业人员参加检查，并进行分工，明确检查内容、标准及要求。

2.每种安全检查都应有明确的检查目的和检查项目、内容及标准。重点关键部位要重点检查。对现场管理人员和操作工人不仅要检查其是否有违章作业行为，还应进行应知、应会知识的抽查，以便了解管理人员及操作工人的安全素质。

3.检查记录是安全评价的依据，要认真、详细填写。特别是对隐患的记录必须具体，如隐患的部位、危险程度及对隐患的处理意见等。采用安全检查评分表的，应记录每项扣分的原因。

4.安全检查需要认真、全面地进行系统分析，定性定量进行安全评价。受检单位（即使本单位自检也需要安全评价）根据安全评价可以研究对策，进行整改和加强管理。

5.整改是安全检查工作的重要组成部分，是检查结果的归宿。整改工作包括隐患登记、整改、复查、销案等。

（三）施工安全文件的编制要求

施工安全管理的有效方法，是指按照水利工程施工安全管理的相关标准、法规和规章，编制安全管理体系文件。编制的要求有：

1.安全管理目标应与企业的安全管理总目标协调一致。

2.安全保证计划应围绕安全管理目标，将要素用矩阵图的形式，按职能部门（岗位）进行安全职能各项活动的展开和分解，依据安全生产策划的要求和结果，对各要素现场的实施提出具体方案。

3.体系文件应经过自上而下、自下而上的多次反复讨论与协调，以提高编制工作的质量，并按标准规定，由上报机构对安全生产责任制、安全保证计划的完整性和可行性、工程项目部满足安全生产的保证能力等进行确认，建立并保存确认记录。

4.安全保证计划应送上级主管部门备案。

5.配备必要的资源和人员，首先应保证工作需要的人力资源，适宜而充分的设施、设备，以及综合考虑成本、效益和风险的财务预算。

6.加强信息管理、日常安全监控和组织协调。通过全面、准确、及时地掌握安全管理信息，对安全活动过程及结果进行连续的监视和验证，对涉及体系的问题与矛盾进行协调，促进安全生产保证体系的正常运行和不断完善，形成体系的良性循环运行机制。

7.由企业按规定对施工现场安全生产保证体系的运行进行内部审核，验证和确认安全生产保证体系的完整性、有效性和适合性。

为了有效、准确、及时地掌握安全管理信息。可以根据项目施工的对象特点，编制安全检查表。

（四）检查和处理

1.检查中对发现的隐患应该进行登记，作为整改备查的依据，提供安全动态分析信息。根据记录的隐患信息流，可以制定出指导安全管理的决策。

2.安全检查中查出的隐患除进行登记，还应发出隐患整改通知单，引起整改单位重视。一旦发现突发性事故隐患，检查人员应责令停工，被查单位必须立即整改。

3.对于违章指挥、违章作业行为，检查人员可以当场指出，进行纠正。

4.被检查单位领导对查出的隐患，应立即研究整改方案，按照"三定"原则（即定人、定期限、定措施），立即进行整改。

5.整改完成后要及时报告有关部门。有关部门要立即派人进行复查，对复查合格的，进行销案。

第二节　水利工程施工安全管理

水利工程施工，具有工序多、参与人员多、机械使用多、工程占地面积大、涉及范围广的特点，工程本身的特点决定了安全管理的重要性，稍有不慎，便会发生事故。最近几年，虽然各级政府部门加大了对安全生产的监管力度，但事故仍不断发生。血的教训给我们敲响了警钟。水利工程一旦发生事故，将会给下游人民的生命财产造成巨大损失。因此，安全管理仍应常抓不懈，丝毫不能放松。

水利工程施工企业应该对工程施工的全过程进行安全管理，在工程的每一个施工环节、施工步骤都要认真落实安全管理。下面就水利工程施工安全管理进行阐述。

一、施工前的安全管理

工程项目开工前，在设备进场、项目部布置、工程施工技术准备阶段，人们往往会忽略安全管理问题。水利工程施工项目部在工程开工前应做好以下安全管理工作：

（一）制定各项安全管理制度

根据工程的特点，结合项目部的管理水平，制定切实可行的安全管理制度。做到以制度约束、规范施工中的安全行为，明确责任、权利及奖惩办法，使管理制度贯穿整个施工过程。在开工前项目部应制定各种规章制度，并进行公示。

（二）设立和配置专兼职安全员

根据工程的规模、施工特点，安排专职安全员一名，主要负责工程的安全工作。主要工作内容有：负责施工现场的安全检查、整理安全管理日志等。

依据项目划分及工程的位置，在每个分部工程项目中设立一名兼职安全员，具体负责该分部工程施工的安全管理工作。主要工作内容有：负责分部工程施工的安全管理、安全防护设施的管理、施工人员的安全教育、安全问题的监督整改、材料的整理和验收等具体工作。

（三）加强安全生产教育

加强对项目部人员的安全知识培训和教育，项目部要做到各专业人员人手一本安全手册。

对拟进入工程施工的协作单位的施工人员进行对口的安全知识教育，向协作单位的施工人员灌输安全知识。做到人人懂安全知识，人人知安全制度，人人都能做到安全生产。

（四）强化机械安全管理，杜绝无证上岗

施工准备阶段应对进场设备的运行状态、安全性能进行认真的检查和测试，发现问题立即解决，确保施工现场的设备安全系数达到 100%。明确每个设备的安全责任人，制定每台机械设备的安全操作规范，印发到每个操作员手中，便于其随时学习。

持证上岗是机械设备安全管理的基本保证，机械操作员只有取得操作证，才能确保工程机械在工程施工中安全运行。设备进场时审核进场设备操作员的操作证，拒绝无证人员驾驶的设备进入施工场地。将操作人员的合格证复印留存备查。

（五）成立安全管理监督机构

工程开工前成立以公司负责人为组长，以项目经理、项目副经理、总工及各部门负责人为成员的安全管理监督小组。制定详细的检查管理制度，定期或不定期地对施工现场和项目部进行安全检查，每月召开一次安全管理工作会议，研究、解决工程施工中出现的安全管理问题。

二、施工中的安全管理

工程施工安全管理最主要的阶段就是施工阶段，该阶段安全事故多发。由于机械化程度的不断提高，现在各种施工设备都被充分运用到工程施工中，因此做好施工中的安全管理工作是整个工程施工的关键。施工中的安全管理就是对人、机械、材料及施工工序的安全管理。

（一）人的安全管理

人是安全管理的核心，有了人的不安全因素，才会造成物的不安全结果。项目部在加强对人的安全教育的同时，应和每个人签署安全施工协议，制定安全管理制度，用制度和协议来管理和约束人的不安全行为。

1.项目部管理人员的安全管理

（1）领导的安全管理

项目部的领导是工程施工安全管理的核心，领导层应都取得安全生产考核证，具备较强的工程安全管理能力。项目部领导人应清楚安全就是效益、安全工作重于一切、安全工作是一切工作的中心。要以身作则讲安全，身体力行抓安全。不违章指挥，按安全管理制度办事。认真进行安全检查，详细听取安全人员的汇报和建议，加大对安全设施的投资力度。只要进入工地就必须遵守工地的安全制度，按要求佩戴安全防护用品。

（2）一般管理人员的安全管理

项目部的一般管理人员，要做到认真学习项目部的安全管理制度，熟记自己担负的安全管理责任，积极做好本岗位的安全检查、监督。养成凡事讲安全、生产中抓安全的好习惯。上班前先检查所负责施工现场的安全隐患，叮嘱、监督机械操作员检查设备的安全状态。要确保施工现场各施工人员、施工机械在绝对安全的环境下工作。发现不安全因素及时处理，将安全事故消灭在萌芽状态。每天做好安全日志，总结安全施工的经验，协助专职安全人员和项目部领导做好安全管理的其他工作。

2.机械操作人员的安全管理

项目部首先应对进入施工现场的操作人员进行有针对性的安全培训和教育，并要求该部分人员每天上岗前对所操作的机械进行安全性能检查，发现问题及时处理，同时做好记录。操作人员应熟记机械设备的安全操作规程，项目部应采用多种形式定期对其进行规程测试。在施工时，要求操作人员严格按照操作规程进行作业，严禁违规作业。在每台机械作业时，项目部都应安排专业人员负责指挥，这能大大提高施工机械的安全系数。

3.施工人员的安全管理

签署劳务用工协议的同时，项目部应同协作单位签署安全施工协议。该协议不但明确了双方在施工过程中的安全责任、义务，还阐明了安全管理的方法和步骤。施工人员上岗前项目部组织其学习国家的安全法律、法规及相关政策，以及项目部制定的安全管理制度。向进入施工现场的人员进行安全技术交底，让他们了解该工程的特点、潜在的不安全因素。要他们清楚在工程施工中他们的权利和义务，掌握紧急避险、撤离危险现场的方法，以及各种安全防护用品的合理使用方法。项目部制作了针对工程特点的安全知识挂图，利用图片的直观性进行安全教育。在工程施工中，项目部的安全员全天候对施工人员进行安全现场管理，对不安全行为进行制止、处理、纠正和整改。

（二）机械的安全管理

机械安全协议确立了协议双方安全管理的权利和义务，明确了双方在工程施工期间的目标和安全管理措施。凡是进入工地的施工机械，都应和项目部签署安全施工协议。项目部定期或不定期地对安全协议的执行情况进行检查，并根据制定的项目安全管理制度进行考核，公开考核结果，做到奖优罚劣。

对施工机械的安全管理，项目部应针对各种机械的特点及用途，印发安全操作规程。不但要求操作人员认真学习，还要将安全操作规程贴在机械的明显位置，时时提醒操作员按规程操作。项目部将该工作作为重点工作进行检查，对违反安全操作规程的，不但要对机械负责人进行批评教育及经济处罚，还责令违章操作员离开施工现场。

项目部要坚持做到对机械每天进行安全检查，上班前有专职安全人员对机械的性能、运行状态进行检查和测试，确保进入施工状态的机械安全可靠、性能良好。对于有问题的机械，责令机械负责人进行维修，直到符合要求，方可允许其进入施工现场。下班或工余时间督促机械负责人对机械进行保养和维修，确保施工期间机械保持良好状态。

（三）物的安全管理

物的不安全状态也是造成安全事故的主要原因，项目部应紧紧围绕对物的安全管理做好以下工作：

1.严把料物的质量关

为了确保工程质量和工程的安全，项目部应和材料供应商签订质量保证协议，缴纳质量保证金，这样就能从源头上控制可能出现的质量安全事故。

2.料物的安全管理

项目部对进场的料物完全按照物质存放的规范进行管理，将经验收合格的料物存放在场地后，按规范要求堆放整齐。石料高度在 1.5 m 左右，用人工进行粗码，杜绝出现浮石，防止坍塌等事故。铅丝笼按型号、规格进行存放，注意防范阴雨等不良天气的影响。

3.土料施工的安全管理

土料作为坝体填筑的主要材料，为了确保坝体不出现质量安全问题，项目部对运输、填筑、压实等工序进行管理。安排机械对料场进行清基，并组织技术人员对清基的质量进行严格的验收，完全达到规范要求时再允许挖取。运输过程中注意车辆的交通安全管理，在交叉路口、危险路面设置安全警示牌，提醒司机注意安全。土料填筑时，在填筑现场项目部安排专人进行指挥，确保车辆和施工人员的安全。机械设备对土料进行压实施工时，要有专门的人员负责指挥，主要控制机械设备距边沿的距离，保证设备的安全。

（四）其他方面的安全管理

1. 用电的安全管理

安全用电是项目部建设和安全运行的必要保证，为了保证施工期间整个项目部建设的用电安全，项目部安排专业的电工对项目部及施工场地的用电线路按规范进行了架设，并专门制定了项目部安全用电管理制度，不经过电工的允许任何人不得乱拉乱扯电线，不得随意乱接乱用电器。项目部定期或不定期对安全用电进行检查，对违反安全用电的个人和协作单位将给予经济处罚。定期安排专业电工对项目部的用电线路、电器进行检查、检修。

2. 警示牌的安全管理

安全警示牌是提醒人们注意安全和烘托施工现场气氛的工具，项目部应投入一定的资金，制作安全警示牌、横幅、彩旗等。在交通路口、危险路段设置交通安全警示牌。在施工现场设置施工安全警示牌、安全宣传彩旗等。

3. 设备停放的安全管理

在设备停放场地，为了加强安全管理，项目部应架设一些照明设施，并安排专门人员进行 24 小时巡逻值班。

第三节 水利工程安全事故处理

为规范安全生产事故的报告、调查和处理工作程序，最大限度地减少人身伤亡和财产损失，落实防范措施，实现防范并减少生产安全事故发生的目的，根据 2019 年新修正的《水利工程建设安全生产管理规定》，发生生产安全事故，必须查清事故原因，查明事故责任，落实整改措施，做好事故处理工作，并依法追究有关人员的责任。

一、水利工程安全事故的种类

根据实际情况，水利工程安全事故可分为特别重大、特大、重大、较大四个级别。

按照质量与安全事故发生的性质、机制和事故过程，水利工程建设安全事故主要包括施工爆破安全事故、施工中土石方塌方和结构坍塌安全事故、施工场地内道路交通安全事故、特种设备或施工机械安全事故以及其他原因造成的水利工程建设重大质量与安全事故等。

二、水利工程安全事故处理的基本原则

（一）严格遵循国家及行业法律法规、规程、规范的要求

贯彻落实"安全第一、预防为主、综合治理、持续改进"的安全生产管理方针，确保生产安全事故的报告、调查和处理合法合规、快速有效。水利工程安全事故要遵循"一岗双责"和"管生产同时必须管安全"的基本原则，各参

建单位第一责任人为本单位安全生产第一责任人，对本单位的生产安全事故负总责。

（二）严格遵循分级责任管理原则

按照分级责任管理原则，建立各级安全生产管理机构。分级责任管理在水利工程安全管理中是一项最基本且最重要的工作。各级安全生产管理机构的设置要遵守《中华人民共和国安全生产法》的规定，各级机构负责人负责本级安全生产管理工作。各级机构负责日常安全生产工作，管理、监督和落实安全生产，也负责本级生产安全事故的报告、调查和处理等相关工作。

（三）严格遵循实事求是的原则

事故的调查处理须严格遵循实事求是的原则，科学地研究、分析事故的原因，及时、准确地查清事故经过、事故损失和事故影响，查明事故性质，认定事故责任，总结事故教训，提出整改措施，并对事故责任人依法追究责任。

三、水利工程安全事故处理预案

各级地方人民政府水行政主管部门应根据本级人民政府的要求，制定本行政区域内水利工程建设特大生产安全事故应急救援预案，并报上一级人民政府水行政主管部门备案。流域管理机构应当编制本辖区的水利工程建设特大生产安全事故应急救援预案，并报中华人民共和国水利部（以下简称水利部）备案。

项目法人应当组织制定本建设项目的生产安全事故应急救援预案，并定期组织演练。应急救援预案应当包括紧急救援的组织机构、人员配备、物资准备、人员财产救援措施、事故分析与报告等方面的方案。

施工单位应当根据水利工程施工的特点和范围，对施工现场易发生重大事故的部位、环节进行监控，制定施工现场生产安全事故应急救援预案。实行施工总承包的，由总承包单位统一组织编制水利工程建设生产安全事故应急救援预案，工程总承包单位和分包单位按照应急救援预案，各自建立应急救援组织或者配备应急救援人员，配备救援器材、设备，并定期组织演练。

四、水利工程安全事故的处理及后续工作

发生生产安全事故后，有关单位应当采取措施防止事故扩大，保护事故现场。事故现场需要移动现场物品时，应当作出标记和书面记录，妥善保管有关证物。

应急事故处理现场指挥部直接负责事故的处理工作。当遇到较小的事故时，应急事故处理现场指挥部应立即组织抢险突击队，赶往事故现场进行抢救，并调配相关机械设备；当遇到较大事故时，施工现场人员应立即将事故情况报告给应急事故处理现场指挥部，指挥部在第一时间将事故情况报告给上级有关部门和医疗协作单位，抢险指挥部调集抢险突击队和所有机械设备投入抢险，并全线停止所有与抢险无关的工作。

如果突发生产安全事故的事态进一步扩大，预计事发单位现有应急资源和人力难以实施有效处置，这时应以应急事故处理现场指挥部的名义，请求建设单位、地方人民政府协同相关单位、部门参与处置工作。

事故发生后须立即报告本单位负责人，1 小时内向上级主管单位、县级以上水行政主管部门逐级上报，每级上报时间不得超过 2 小时，可越级上报。30日内事故情况发生变化，应重新确定等级并上报。

实行施工总承包的建设工程由总承包单位负责上报事故。特种设备发生事故的应同时向特种设备安全监督管理部门报告。部直属单位，各省（自治区、直辖市）和计划单列市每月 6 日前向水利部安全监督司上报上月报告。接到报

告的部门应当按照国家有关规定，如实上报。各级部门应遵循"迅速、准确"的原则，逐级上报同级和上级水行政主管部门。水利部直管项目报告水利部，同时报告流域管理机构。

水利工程建设生产安全事故的调查、对事故责任单位和责任人的处罚与处理按照有关法律、法规的规定执行。

第四节 水利工程安全风险管理

水利是优质的可再生能源，可持续永久利用，同时又是洁净无污染的能源。通常，除了发电，水还可获得防洪、灌溉、航运、漂木、供水、养殖、旅游、疗养等综合利用，另外水力发电成本低，电力投入迅速，可保证电网安全经济运行。发展水利是改善中国能源结构、节约化石能源消耗、实现西电东送、缓解东部及沿海缺电地区用电需求最现实的途径和主要措施。

一、水利工程安全风险管理的定义、目标和特点

（一）水利工程安全风险管理的定义、目标

水利工程安全风险管理就是指对水利工程建设项目中的风险进行管理。也就是说，水利工程建设项目风险管理人员对可能导致损失的项目不确定性进行识别、预测、分析、评估和有效地处置，以最低的成本为项目的顺利完成提供最大安全保障的科学管理方法。正如项目管理是一种目标管理，水利工程安全风险管理同样也是一种有明确目标的管理活动，只有目标明确，才能起到有效

的作用。水利工程安全风险管理的目标从属于水利工程建设项目的总目标，通过对项目风险的识别与预测，并定量化，进行分析与评估，采取风险管理措施，以避免风险的发生；或者在风险发生后，使风险损失最小化。

水利工程安全风险管理的总目标是：

1.使项目获得成功；

2.为项目实施创造安全的环境；

3.降低工程费用或使项目投资不突破限度；

4.保证项目按计划有节奏地进行，使项目实施始终处于良好的受控状态；

5.减少环境或内部对项目的干扰；

6.保证项目质量；

7.使竣工项目的效益稳定。

（二）水利工程安全风险管理的特点

水利工程项目的建设是一个复杂的系统工程，安全风险是在项目建设这一特定环境下发生的，安全风险与项目建设活动及内容紧密联系。水利工程建设项目总体风险是由相互作用甚至是相互依存的若干子项目风险按一定规律复合而成的。

1.风险的多样性

在一个水利工程项目中存在多种多样的风险，如政治风险、经济风险、法律风险、自然风险、合同风险、合作者风险等。这些风险之间有复杂的内在联系。

2.水利工程项目整个生命周期均存在风险

风险在水利工程项目生命周期中均存在，而不仅仅发生在实施阶段。在设计目标时可能存在构思错误、遗漏重要边界条件、目标优化错误等风险；可行性研究中可能有方案失误、调查不完全、市场分析错误等风险；技术设计中可能存在专业不协调、地质情况不确定、图纸和规范错误等风险；施工中可能存在物价上涨、实施方案不完备、资金缺乏、气候条件变化、运行中市场变化、运行达不到设计能力、操作失误等风险。

3.风险将影响水利工程项目全局

风险的影响常常不是局部的、阶段性的、片面的，而是全局性的。例如反常的气候条件造成工程的停滞，则会影响整个后期计划，影响后期所有参加者的工作。它不仅会造成工期的延长，而且会造成费用的增加，影响工程质量。即使是局部的风险，随着项目发展，其影响也会逐渐扩大。例如一个活动受到风险干扰，可能影响与它相关的许多活动，所以在项目中风险影响随时间推移有扩大的趋势。

4.风险有一定的规律性

水利工程项目的环境变化、项目的实施有一定的规律性，所以风险的发生和影响也有一定的规律性，是可以进行预测的。重要的是人们要有风险意识，重视风险，对风险进行全面的控制。

5.风险管理的目的性

水利工程安全风险管理的目的，并不是消灭风险（在水利工程项目中大多数风险是不可能被消灭或排除的），而是在于有准备地、理性地实施项目，减少风险造成的损失。

二、水利工程安全风险识别

水利工程安全风险识别是进行安全管理的第一步，也是十分重要的一步。因为在大部分情况下，风险并不是显而易见的，往往隐藏在水利工程项目实施的各个环节，或被种种假象所掩盖，所以要根据水利工程项目风险的特点，采用具有针对性的识别方法和工具。

（一）风险识别的过程

风险识别是构建项目风险评价指标体系的一项基础性工作，它是指对项目所面临的以及潜在的风险源和风险因素加以判断、归类，并鉴定风险的性质，也就是要找出风险之所在和引起风险的主要因素，并对其后果作出定性的估计。也就是说从系统的角度出发，将引起风险的复杂因素分解为比较简单的、容易被识别的基本单元，从错综复杂的关系中找出因素间的本质联系，在众多的影响中抓住主要矛盾。

风险的识别过程实际上包括两个环节：感知风险环节和分析风险环节。感知风险是指了解项目中客观存在的各种风险。分析风险是指找出引起风险事故的各种因素，为制定有效的项目风险处理措施提供基础。风险识别不仅要识别项目所面临的确定风险，更重要、也是最困难的是要识别各种不确定的、潜在的风险。风险识别就是组织相关人员，运用各种方法，尽可能全面找出影响项目目标实现的风险事件，这些风险事件应该是项目执行过程中确实可能发生的。

（二）水利工程安全风险识别的技术和工具

识别安全风险是指在安全事故发生前，运用各种方法系统地认识存在或潜在的各种风险，对其性质进行鉴定。也即事先充分认识存在（或潜在）风险因素和其产生的原因及可能导致的工程事故，以及这些事故可能造成的后果。风险识别过程对保险人也是至关重要的，可以增强其风险意识，使其加强防灾防损措施，避免事故发生或减少事故发生的可能性。安全风险识别的方法主要有：现场调查法、列表检查法、财务报表分析法、组织结构图分析法、风险因素和可行性研究、事故树分析法等。每一种方法都有其适用范围，都有各自的优缺点。在实际中究竟应采用何种方法，通常要视具体情况而定，通常需要综合运用几种方法，才能收到良好的效果。

1.现场调查法

主要步骤如下：第一步，调查前的准备工作。首先，要确定调查的时间，即确定何时调查最合适，需耗费多少时间。然后，考虑调查对象本身。需要注意的是，每个调查对象都具有潜在的风险，应尽可能避免忽略某些重要事项。第二步，现场调查和访问。第三步，调查结束。将调查发现的情况通知给有关方面。以上是现场调查步骤。它的优点是明显的：首先，可以获得第一手资料而不依赖他人的报告。其次，可以与项目基层管理人员建立和维持良好的关系，这在管理中是很重要的。现场调查法的最大缺点是耗费时间长，这意味着成本提高。

2.列表检查法

在实际调查中，常常采用填写一份检查表或其他形式的问卷等方法。风险管理人员要么将检查表寄给项目施工管理人员填写，要么项目施工管理人员亲自到现场填写。列表检查法的优点是：相对于现场调查法，在时间和费用上比较节省，执行简单、迅速。而且，表格设计灵活性大。缺点是：填写的结果可能会出现错误，衡量表格内容的标准不易确定，而且表格的回复率不高。

3.财务报表分析法

财务报表分析法也属于列表检查法中的一种，但它有其特殊性。

财务报表分析法以会计记录和财务报表为基础，通过对每个会计科目进行深入的研究，来确定其会产生什么样的潜在损失，并且就每一会计科目提出研究结果的报告。此外，风险管理人员还必须用诸如调查、法律文件等其他信息来源来补充这些财务记录。这种方法是可靠的、客观的，很容易得到资料，文字表述清晰、扼要。而且，这种方法将风险识别以财务术语的形式表达出来。除了有助于风险识别，财务报表还可用于衡量风险和确定应对这些风险的最佳方法。

4.组织结构图分析法

现场调查法和列表检查法试图识别实际风险，而组织结构图分析法则致力于寻找"风险区域"，因此与前几种方法稍有不同，分析步骤如下：①画出工程项目整体结构图；②识别风险区域。采用组织结构图进行分析，用于寻找风险产生的可能区域。

5.风险因素和可行性研究

风险因素和可行性研究用于在项目的计划阶段对风险进行定性的识别。它的基本逻辑是：许多问题是极其复杂的，必须分解为可管理部分，然后对其进行广泛检查以便识别出所有有关的风险因素。风险因素和可行性研究包含四个方面：被检查部分的意图，与声明的意图的偏离，偏离的原因，偏离的结果。

风险因素和可行性研究的优点在于：以一种广阔的思路识别所有可能的风险而极少忽略一些重要事情。它可以集中小组的力量，对一个复杂系统进行详细检查。不足之处在于研究的时间过长，而且需要画出正确的系统图。但无论如何，风险因素和可行性研究仍是识别安全风险的一种重要方法。

6.事故树分析法

事故树分析法本质上是定量分析方法，但也可作为定性分析的工具。事故树是一种图表，用来表示所有可能产生事故的风险事件。它由一些节点和连接这些节点的线组成，每个节点表示某一具体事件，而连接线则表示事件之间的某种特定关系。事故树分析法遵循逻辑学演绎分析原则，即从结果分析原因。

事故树分析法的作用有：①事故树分析法是一种描述复杂系统的运动过程的好方法。②在绘制事故树的同时就可识别风险。③可以用来判断系统内部发生变化的灵敏度，或者确定在风险的影响下系统的各部分或工序的情况。④事故树可以计算主事件发生的各种途径并且更重要的是可以得出导致主事件发生的各子事件的最小组合数。得到最小组合数，就可以找到哪些事件最有可能发生，因为它们对主事件的影响最大，而这正是改善系统最有效的地方。

三、安全风险评价及风险指标体系的建立

（一）水利工程项目风险评价理论

现代的水利项目具有规模大、投资高、工期长、技术复杂、不确定性因素多等特点，保证项目按期竣工、控制投资、保证工程质量、提高工程的经济效益是建设业主的主要目标。在项目实施过程中，项目所在地的政策、建设环境和条件的变化，不可抗力等因素都会给项目建设造成风险。

每个水利工程项目都存在风险。这是因为水利工程项目的投资规模大，时间跨度长，参与方之间的关系错综复杂，使得各种不确定、不稳定的因素大大增加。可以说，风险贯穿于水利工程项目的全过程。水利工程项目风险除具有一般风险的典型特征，即客观性、潜在性、可测性、相对性和随机性以外，也呈现出以下显著的特点：①水利工程项目的风险具有很强的阶段性。根据水利工程项目发展的时间顺序，水利工程项目的风险呈现出明显的阶段性。一方面，在水利工程项目的不同阶段，项目风险的大小呈现出明显的阶段性；另一方面，水利工程项目的不同阶段所面临的主要风险的种类也随着时间的推移而发生变化。有的风险存在于项目的各个阶段，而有的风险只存在于项目的某一些阶段。②水利工程项目的风险具有复杂性。影响水利工程项目的不确定性因素多，包括水文、气象、地质、施工方案、施工技术、施工管理和资源供应等诸多方面，这使得水利工程项目的风险因素极为复杂。③水利工程项目的风险存在与发生的可变性大。风险存在与发生的可变性是指风险在一定条件下可转化的特性。

（二）建立评价指标体系的程序

1.资料信息收集

对项目进行评价，离不开有关项目的信息。为了确定评价指标体系的合理性与准确性，应该通过国内外文献调研，收集相关的评价指标，同时根据自身的学科积累和研究分析提出一批待选指标，形成评价指标集。

2.目标分析

目标分析是建立评价指标体系的前提，确定系统的目标层次结构则是建立评价指标体系层次结构的基础。

3.确定指标体系结构

不同的目标结构，会带来不同的评价指标体系结构形式，常见的评价指标体系的结构形式有：层次型评价指标体系、网络型评价指标体系、多目标型评价指标体系。

4.指标的收集与分析

首先，采用系统的观点和方法，对各因素进行分析，弄清各因素之间的关系。然后，对各要素的特点进行分析，建立与之相适应的指标，弄清各指标的本质属性，为各指标建立数学模型、获取评价数据奠定基础。

5.指标的内涵与标度设计

评价指标应建立在一定的科学理论基础上，其概念的内涵和外延应明确。一般收集来的指标大都是定性指标和半定量指标，主要依赖实施评价的专家对每一指标所刻画问题的判断。

6.权重分析

权重是要素对目的的贡献程度的度量。通过权重分析，可以得到各个指标在项目评价中的地位和影响程度。

7.指标体系的筛选与简化

基于数理统计分析进行指标筛选和简化。

8.指标体系有效性分析

指标的完备性和不相关性是理论上建立指标体系的准则,与实践结合,指标的建立应能反映评价对象的总体价值。

9.确定评价指标体系

广泛征求专家、有关专业人员的意见和建议或在实践中检验,以形成最后的评价指标体系,这一做法实际上贯穿于评价指标体系的构建过程中。

第二章 水利工程施工安全管理
标准化概述

第一节 水利工程施工安全
标准化体系概述

水利工程项目建构安全生产的标准化体系对于企业自身发展以及社会事业的进步具有重要意义。安全生产的标准化是企业发展现代化的标志，也是其适应新时代发展要求的体现。为了能够获得市场认可以及客户认同，取得市场竞争力，企业就需要切实提升自身的业务水平，来做出优质、高端的产品，而水利工程作为生产施工现场，其文明标准化施工环境的创造代表着企业的形象，是获得建设单位认可的外在窗口，对于赢得市场竞争力具有重要价值。只有制定安全生产的标准化程序，不断强化安全管理制度、优化安全生产技术，才能为企业生产提供基础立足点，落实项目主体责任，以强力手段推动水利安全法规的落实，运用科学方法形成对于工作秩序的规范。

一、水利工程安全生产标准化体系的主要依据

在水利工程施工过程中，通过加强安全生产标准化体系建设力度，在一定程度上提升了水利工程安全施工水平，保证水利工程施工更为规范。针对水利工程施工过程中遇到的各项难题，管理者结合安全生产标准化体系内容，能够

妥善解决这些难题，避免大规模水利施工安全事故的发生。水利施工安全生产标准化体系的构建，能够增强不同部门之间的联系与合作，充分调动各个部门的工作热情，促进水利工程的发展。

安全生产标准化体系的构建，其核心目标是提升水利工程施工的安全性与稳定性，保证工程施工作业人员的人身安全，在具体的施工作业当中，尽量降低水利安全事故的发生率。一般来讲，水利施工安全标准化体系的构建主要依据以下标准：基础标准、通用性标准与专业性标准，其中基础标准是指在一定范围内作为其他标准的基础并普遍使用、具有广泛指导意义的标准。通用性标准主要指的是针对某个现象，包括不同对象所覆盖的标准，如通用安全、环保等要求。而专业性标准是指结合相关标准，运用针对性较强的体系，并对该体系进行延伸。

二、水利工程施工安全生产标准化体系的分级研究

（一）初始级

水利工程施工安全标准化初始级，是安全标准化体系的基础，具体的标准并未将水利工程施工安全制度和法律法规相连接，只对水利工程实际建设的特点与情况进行分析与研究，制定出一套简易版的企业安全标准化体系。初始级水利工程安全标准化体系在运行过程中，将水利施工的丰富经验作为基础和依托，将工程施工安全标准放在了重要的位置。

（二）计划级

计划级就是将水利工程施工企业安全标准化体系作为基础和前提，主要的作用就是对水利工程施工现场进行管理（管理具有结构性的特点）。首先，需要对施工现场要求进行仔细分析与研究，之后制定出健全、完善、与之相对应

的安全标准化运行方案，为实现真正的结构式管理打好基础，主要对安全生产目标、安全操作规程、安全生产费用投入等方面制定出科学、合理的标准化要求，使其在今后的施工过程中有安全标准可供参考。

（三）规范级

水利工程施工企业安全标准化系统规范级主要的作用和意义就是确保水利工程施工安全标准、要求、制度等的发展，自身具有非常强的组织性，伴随着安全标准化制度真正落到实处，水利工程安全管理工作开始融入安全标准化运行规划当中。

（四）控制级

水利工程施工企业安全标准化控制级的出现，能够有效地说明施工安全标准化体系已经步入了成熟阶段，能够真正地实现科学、合理、全面的管理与控制，并达到不断对水利工程施工工作进行量化管理的作用。

（五）进化级

水利工程施工企业安全标准化进化级代表着安全标准化体系已经处于成熟的状态。因为水利工程施工安全标准化体系在运行的过程当中具有动态的特点，同时也是水利工程施工在推进过程当中不断优化与革新的产物。进化级在实际运行的过程当中，依旧需要运用工作量化、数据分析等方法，在控制极的基础上，对运行最终的效率、结果、水平等各方面进行更为细致、科学的分析与研究，使水利工程施工安全标准化体系更加完善。

三、安全生产标准化在水利工程施工中的应用

（一）构建安全标准制度

水利工程施工过程中实现安全生产标准化建设时，需要将安全标准制度合理融入具体管理流程中。例如，企业通过科学制定安全生产制度，研究安全管理方式，总结安全生产经验，对其具体工作流程进行明确划分。在高度重视安全生产标准化建设的同时，组织开展自我纠正和检查的活动，对其安全生产机制进行科学改进，确保其长效性和长远性。与此同时，组织相关工作人员全面实施安全管理，确保现场工作人员安全管理水平不断得到提升。在进行项目建设过程中，企业管理人员还需要有效落实个人工作职责，不断加强基础性工作，进而保证安全管理的规范性，有效结合职业健康管理和安全生产标准化，实现安全管理水平的全面提升。

（二）严格审核施工方案

在具体进行水利工程施工建设过程中，施工方案具体是指工程建设时各项安全技术管理措施，现场管理人员必须严格遵循相关规定，并对其进行合理编制，确保相关工作程序的有效落实，进一步强化技术交底，进而保障在水利工程建设过程中施工方案具有更高程度的合理性，有效提升施工效果。与此同时，在水利工程建设过程中存在部分临时用电，现场管理人员必须以此为基础进行专项施工方案的合理编制，同时，还需要进一步制定科学有效的安全施工技术策略，确保工程建设过程中能够更好地实施各项施工方案。在具体进行工程施工作业时，还需要为其各项配电系统科学构建保护方案，保证施工用电具有更高程度的安全性。在具体开展水利工程施工建设过程中，需要对其各项用电设备科学设置防雷措施，在规定时间内全面检查现场接地保护措施和防雷装置，确保施工现场工作人员和施工设备用电安全。

31

（三）优化现场布局工作

在水利工程建设过程中进行分区作业时，现场管理人员必须全面考虑相关工作，保证水利工程施工现场具有更高程度的有序性和规范性，进而确保工程施工建设能够最大程度满足相关需求，为现场施工安全提供更高程度的保障。在具体开展水利工程施工作业时，需要确保道路畅通，同时，还需要配齐防汛设施和消防设施，确保现场具有充足的应急物资。在施工现场还需要及时清除垃圾或废料，严格基于相关规定进行安全技术措施和施工方案的科学编制和严格审批，确保进行科学有效的技术交底。

（四）强化现场设备管理

管理人员需要科学构建管理体系，确保其完善性，明确不同设备的安装方法及施工要点，与此同时，还需要进行管理人员的科学配备，确保合理划分相关人员的具体工作职责。在具体开展水利工程施工建设过程中还需要科学设置设备管理体系，确保具有充足的设备管理人员，保证在具体开展水利工程施工建设过程中具有更为完善的设备安全管理体制。在水利施工设备实际进入施工现场之前，管理人员必须对其进行全面检查和严格验收，如果发现水利施工设备存在运行故障，必须立即对其进行处理，确保各项设备运行的安全性。在水利工程施工建设过程中，还需要对设备操作人员的专业资质进行审核，确保设备操作人员能够熟练操作现场各项设备，在具体施工过程中，必须严格基于设备操作流程进行作业，避免设备带病运行。在具体应用施工设备过程中，现场管理人员还需要对其运行状况进行准确记录，同时，合理保管设备运行记录。基于水利施工设备具体运行情况安排专业人员定期进行维修作业。在完成维修工作之后，现场设备管理人员还需要对其进行验收。

（五）控制安全生产费用

在具体开展水利工程施工建设过程中，现场管理人员还需要对其工程施工建设过程中的安全生产费用进行科学有效的管理，与此同时，还需要进行生产费用管理体系的科学构建，确保其完善性，保证在进行水利工程具体施工作业时，安全生产费用具有更高程度的科学性。在此过程中，现场管理人员还需要进行安全生产投入计划的科学制定，认真核对台账，对现场施工监管的情况进行准确记录。管理人员还需要学习安全生产相关知识，确保在具体安全生产过程中具有更高的管理能力。除此之外，在开展水利工程施工作业时，还需要对其应用安全生产标准的具体状况进行综合分析，科学制定解决方案，保证在水利工程施工建设过程中，能够更高程度地应用安全生产标准。在此过程中，项目部门还需要进行监管组织的科学构建，安排专业人员负责水利工程安全施工，定期组织开展安全生产管理会议，确保相关管理人员能够进一步明确管理目标，从而保证有效落实安全生产责任制度，明确水利施工分工，更高程度地保障职责落实质量。除此之外，现场管理人员还需要定期学习安全生产规范及其各项规章制度，保证在工程建设过程中认真落实各项管理制度，对相关人员的具体工作进行更高程度的保障。

总而言之，通过科学构建安全标准制度，严格审核施工方案，优化现场布局工作，强化现场设备管理，控制安全生产费用，能够确保在水利工程建设过程中形成更为科学有效的应用安全生产标准，对安全生产进行更高程度的保障，有效推进水利工程施工建设，使其更好地满足现代社会经济建设需求，为我国现代社会经济的进一步发展奠定坚实的基础。

第二节　水利工程施工安全管理标准化的
必要性、诱发因素及有效举措

在社会和经济不断发展的今天，水利事业不仅发展迅速，而且取得了举世瞩目的成绩。在水利工程的施工过程中，质量以及安全问题较为常见，如若不及时给予解决，将会导致更大的工程事故。水利建设由于具有规模大、建设周期长等特点，存在一定的施工安全隐患，施工安全管理工作也越来越困难。通过不断对施工安全管理制度进行完善，建立安全管理标准化体系，有助于各项工作标准化、规范化地进行，有效降低施工安全风险，提高水利建设的安全性。在此种情况下，针对于水利工程安全建设及管理的规范化研究就显得尤为必要。

一、水利工程施工安全管理标准化的必要性

水利工程在防洪、排涝、抗旱等方面发挥着巨大的作用，在保护生态、增加农业生产方面具有不可忽略的作用。水利项目效益与项目管理紧密联系在一起。只有标准化的管理，才能使水利事业得到高质量发展。因此，加强对水利项目的管理，确保其安全运行，是水利项目的头等大事。

工程管理是水利工程的基础性工作，工程管理贯穿于整个工程的各个方面，从立项到竣工，都需要高质量的管理。搞好水利工程的管理，是水利事业发展的基本要求和基本条件。只有良好的标准化管理，建立完善的管理体系，才能保证施工安全管理的高效率、高质量和高水平。

在工程项目前期，要确保项目选址、项目建设、投资规模的合理性，确保项目建设的正常进行。在建设中，要对施工人员、施工质量等方面进行科学、

高效的管理，只有这样，才能有效地提高建设质量，确保资源的合理使用。

二、水利工程施工安全问题的诱发因素

（一）施工安全意识不足

在施工过程中，对建筑安全的认识不够，常常会导致一些安全问题，从而造成严重的安全事故。有的企业过分追求项目建设带来的经济利益，而忽视了安全管理的重要性，进而未能够始终坚持以人为本的建设管理理念，加之部分管理人员存在侥幸心理，忽略了潜在的安全风险隐患，导致日常的安全管理工作存在漏洞，在一定程度上增加了安全风险隐患。此外，虽然大部分管理人员一再强调安全管理的重要性，但在实际操作过程中，往往会有施工人员忽视安全管理，而且由于水利工程的安全技术体系尚不完备，所以部分安全管理工作无法有效落实，例如管理人员的安排、安全教育宣传以及安全措施执行等。安全管理是一个动态的过程，它受到社会、经济、自然条件的制约，也会受到人们的安全意识、认识水平及管理水平的制约。在水利工程施工过程中，要做到严格管理，认真落实责任制。

（二）缺少标准化的安全管理体系

在实际的施工过程中，一些施工单位安全管理责任不够明确，加之管理人员对于安全管理工作缺乏重视，在人力、物力以及财力等方面的投资明显不足，且施工现场缺少专业安全技术人员的指导，如若此时安全监督不到位，不仅会导致施工人员的技术操作缺乏规范性，还有可能会扰乱施工现场秩序，导致建材随意摆放。一些建筑公司为了加快进度，昼夜不停地施工，但高强度的作业在一定程度上会增加建设施工的危险性。安全事故发生的主要原因之一是缺乏标准化的安全管理体系，未能将管理责任落实到各个岗位，影响到安全管理工

作标准化水平。

（三）缺乏合理的安全生产及管理措施

水利工程建设过程中，存在一些安全管理方面的问题，例如安全投入少、人员缺乏安全教育以及施工现场安全设施不健全等。另外，针对设备维修以及定期维护和更新施工相关设备的措施都没有严格落实。与一般的建筑业相比，水利企业起步较晚，有关的配套体系还不够健全。当前，水利工程安全工作中存在着一些问题，其中安全管理制度不健全、专业人员短缺等问题尤为紧迫。为提高水利工程施工的安全性，加强施工安全管理至关重要。对工程施工现场进行管理，应建立健全安全制度体系，同时还应加强对工作人员的培训，提高员工的安全意识和技能。水利工程属于资金密集型项目，必须有健全完善的管理体制和监督机制来保证其安全运行。水利工程建设过程中要进行各种专业的交叉作业，如钢筋工、木工、混凝土工、架子工等，这些都是危险性较高的工作，所以在进行水利工程施工时一定要遵循相应的法律法规和行业标准规定。

（四）对安全隐患的排查工作不够彻底

水利工程中项目繁多，因此进行现场安检是工程安全施工的重要保障。但在实际的水利施工中，一些管理人员忽视了安检工作，导致安检人员在专项以及常规的安检工程中存在不认真的行为，从而导致了对现场的安全隐患不能及时排除。水利工程建设中使用的大型机械越来越多，如若未能对此类设备的关键部件进行检查，又或者没有对临时停车场、油库等关键场地进行详细检查，都可能会造成安全隐患，加之管理人员对存在的安全隐患缺少足够重视，且针对整改工作缺少后续的监督与跟踪，从而导致了安全问题的出现。此外，在水利工程建设中还存在着一些不安全因素，比如不重视对施工现场的全面检查和定期巡查等。这些问题都会对工程的安全性产生不良影响，所以需要对这些问题予以重视，并采取相应措施来消除或减少这些不安全因素。

三、水利工程施工安全管理标准化的有效举措

（一）建立标准化的安全管理体系

对于水利工程的施工，建立安全管理体系是一个非常重要的环节。要提高水利工程建设的安全质量，就需要加强对项目的安全监管，指导施工活动朝着标准化、规范化的方向前进。在水利工程施工中，施工现场专业的施工安全监督必不可少，建设企业需要组织开展现场安全评估工作，具体的参与方应该包括施工单位、业主以及监理机构等。水利工程建设的安全管理体系包括：项目的安全设计、施工方的安全设计、施工现场管理、安全监管、施工人员的安全教育和培训等。在水利项目中，必须要对项目施工质量和生产进度进行控制，以确保水利工程建设能够顺利进行，同时还要严格按照水利行业规程、规范等执行，要确保水利工程建设不存在重大的质量以及安全问题。水利项目中的工作人员较多，因此一定要加强对施工现场的安全监控管理。同时，对于在水利建设中出现的各种突发情况和事故也应该及时处理并向上级报告。在工程完成之后还需要对工程进行验收。

（二）做好施工安全管理的组织与制度建设工作

一方面，建设单位要建立健全安全管理体制，项目部实行负责人制，项目的安全工作以及全面管理工作均由项目经理负责，安全员可同时作为执行者，建设企业需要严格考查安全员的职业素质、学历以及工作态度等，重在提高施工各阶段的安全监管水平。另一方面，注重对原有安全管理体系的创新，科学制定合理且可行的安全管理体系，严格执行安全生产责任制，这是工程质量的重要保证。为了激发员工的工作热情，实行奖励和惩罚制度，对员工工作中的失职行为给予严厉的惩罚。根据公司制定的规章制度，加强监督管理。建设单位和施工单位都要按照有关安全生产规章制度和操作规程进行施工作业。为了

保证工程质量，防止人身伤害事故发生，还必须认真执行工程质量检验制度及验收程序：首先由各施工队项目经理对施工部位进行检查验收，然后由项目技术负责人、项目安全管理负责人、各班组安全员对施工部位进行检查验收；其次由项目经理和各班组安全员共同对安全情况进行全面质量检查；最后检查人员签字，形成闭环管理。在具体操作中，要明确职责范围、工作程序和工作内容。在具体操作中，要按规范要求实施；严格执行各项技术交底制度：在施工前，要制定各种技术交底制度，明确技术交底的内容、时间、要求；同时对所使用的各种机械设备按其性能进行详细的检查和试验，使之处于良好状态。

（三）对施工现场进行全过程安全管理

在施工安全管理中，施工现场是"主战场"，在实际施工过程中，施工现场是主要的安全事故点。水利工程建设的全过程安全管理主要包括：①全面实施安全检查制度，如安全责任制、用电安全机制等，重在及时发现各类安全隐患，并进行相应的安全防范。②严格遵守持证上岗制度，严禁未经许可的施工人员进入施工现场，并加大施工现场巡查力度，防止闲杂人等进入施工现场。③防止出现没日没夜地赶工期，降低安全风险。④在建设工地上，应加大对工地的安全监管，并随时对工地进行监控。在工地上要有一个安全监督的岗位，以确保工地随时处于安全监管的状态。安全管理者必须通过有效的训练来提高工作能力。⑤在工地上设立安全警示牌，做好安全防护措施，并加强安全监管，这有助于安全隐患的及时发现与消除，可提高整个建设过程的安全水平。

（四）加大安全施工监管力度

根据水利工程建设的特点，加强监理工作，对施工全过程进行有效的监控：①要重视多个重要的施工环节，并按实际情况合理地安排施工进度。②加强重点建设项目的安全管理，严格执行水利建设的规范化管理机制。在施工阶段，严格落实标准化管理制度，加强人员的安全教育培训，有助于施工人员及管理人员安全意识的提升，有助于规范施工人员的施工行为。③认真贯彻"预防为主"和"谁施工、谁负责"的原则，严格执行设计规定或合同要求，并根据现场实际情况对图纸进行必要的修改、补充与完善。④要严格按照水利工程建设项目施工组织设计和技术方案实施监理。在工程施工中应严格按设计及有关技术规范和规定进行施工组织，以保证工程质量。⑤做好工程变更管理工作，及时做好工程变更及现场签证工作；并在设计文件中尽量考虑变更后的实施办法并按规定程序办理报批手续。

（五）建立施工安全标准化体系评价标准

结合工程项目特性和政策规范，建立施工安全标准化体系评价标准，指导后续各项工作规范有序进行。通常情况下，水利工程项目施工安全标准化体系涵盖了安全目标、管理机构责任、安全管理法规制度、施工人员安全培训、施工安全隐患排除和设备管理等内容。这些评估指标可以反映出水利工程施工安全标准化体系的成熟度。评价标准的建立有助于推动施工安全标准化体系的优化和完善，为后续各项工作的开展奠定基础。在施工安全标准化体系评价中，可以选择分级加权法进行评价，依据评价标准选择一级、二级评价指标，并计算各级指标加权得分，将其与权重值相乘得到最终积分，最后将各指标积分相加得到评价总分。此种方式有助于促进施工安全标准化体系的优化完善，为保障水利工程施工安全提供坚实保障。

总而言之，随着我国经济的迅速发展，水利建设的发展越来越受到社会的重视。在这样的大环境下，必须实行工程建设的规范化管理，使工程建设规范化，确保工程建设的安全。在工程建设中，必须对安全标准化体系进行科学的评估，发现其中的缺陷，并加以改进，从而保证水利工程的安全、施工质量、工期和效益，从而促进水利建设的健康发展。

第三章　水利工程施工安全控制

第一节　水利工程施工安全评价

随着我国经济持续稳定地增长，水利工程行业发展迅速，在未来一段相当长的时期内都将处于工程建设的高潮，然而随之而来的是水利工程施工安全事故的频发，以及由此造成的巨大的人员伤亡及财产损失，对社会影响重大。从表面看，安全事故大多是由人为操作不当或机械设备伤害等因素引发的，但究其根本原因，大多数事故的发生都是由于安全管理上存在事故隐患。因此，如何提高水利工程施工的安全管理水平，提高施工安全管理信息化水平是当前水利工程施工企业的迫切任务。

一、水利工程施工现状

水利工程施工在工程质量、施工安全、工程建设期和工程建设成本等方面要求高，具有工程规模较大、施工强度大、建设周期长等特点，水利工程施工的这些特点、水利工程行业安全管理的现状和水利工程施工现场的诸多不安全因素影响了整个水利工程行业安全管理水平的提高。为了全面提升水利工程施工安全管理水平，水利部将水利安全生产信息化建设作为工作的重中之重，将全国除涉密工程外的 38 0624 座水利工程无一例外地进行数据库登记，该数据库的建设将所有水利工程和水利企事业单位登记造册，对所有工程全部明确其主体安全生产责任人，全部上网实时监控其隐患排查治理信息。虽然中国水利工程行业信息系统初步建成，但地方责任体系存在填报不完整、填报比较随意等现象，有的工程现状发生变化，却没有及时更新新建工程信息，有些地方信息系统应用欠缺。在此背景下，我们认为水利工程施工建设必须有强有力的安全管理理论作为支撑，融合计算机技术对水利工程施工进行安全评价管理。

随着生产水平的提高，水利工程施工行业在我国迅速发展，安全管理工作得到我国政府的高度重视，我国政府相继制定了一系列法律法规来开展安全管理工作。为了加强水利建设项目的安全生产工作，水利部于 2012 年出台《水利水电建设项目安全评价管理办法（试行）》，2013 年出台《水利水电建设项目安全预评价指导意见》和《水利水电建设项目安全验收评价指导意见》，并于 2014 年下发了《关于进一步做好大型水利枢纽建设项目安全评价工作的通知》，积极稳妥、有序地推进水利建设项目的安全评价工作。在我国政府制定一系列法律法规及政策的同时，国内众多专家及学者对安全管理工作也进行了探索研究。就施工安全管理方面来说，周剑岚等人通过对水利工程施工安全管理中存在的不足进行分析，提出将 BIM（建筑信息模型）技术应用于安全管理中，并研发了基于 BIM 技术的自动化安全检查系统。将 LEC 评价法（也称作业条件危险性分析法）应用于危险源的辨识，并用通过此方法得到的风险源建立安全评价指标体系，运用灰色系统理论对建筑施工进行了安全评价，应用 Java 语言及 MySQL 数据库研究开发了建筑施工安全管理系统。

就施工安全评价方面来说，柴修伟将层次分析法和模糊数学理论结合，对水下钻孔爆破工程进行研究，对影响施工安全的因素进行了安全评价，找出可能引发安全事故的危险因素，并建立了基于层次分析法的模糊理论评价模型，该模型从工程规划、工程现场、监督体系、自然条件四个方面对安全隐患展开安全评价，针对各影响因素采取相应防范措施；张晓伟等人采用二元比较方法确定多层次模糊决策模型的指标权重，并以实际工程进行了实地验证；郭建斌等人将 BP（back propagation，反向传播）神经网络方法应用于安全评价模型，该模型主要解决评价模型中动态权重问题，减少了安全评价过程中的主观因素，使得安全评价过程更加科学；周剑岚等人针对水利工程施工过程中的脚手架工程展开研究，利用层次分析法对影响因素进行分层，并建立了指标元素层次结构模型。

二、施工安全评价

（一）施工特点

水利工程施工与我们常见的建设工程施工如公路建设、桥梁架设、楼体工程等有很多相似之处。例如：工程一般针对钢筋、混凝土、砂石、钢构、大型机械设备等进行施工，施工理论和方法也基本相同，一些工具器械也可以通用。同时相比于一般建设工程施工而言，水利工程施工也有一些自身特点，如：

1.水利工程多涉及大坝、河道、堤坝、湖泊、箱涵等建设工程，环境和季节对工程的施工影响较大，并且该影响因素很难进行预测并精确计算，这就给施工留下很大的安全隐患。

2.水利工程施工范围较广，尤其是线状工程施工，施工场地之间的距离一般较远，造成了各施工场地之间的沟通联系不便，使得整个施工过程的安全管理难度加大。

3.水利工程的施工场地环境多变，且多为露天环境，很难对现场进行有效的封闭隔离，施工作业人员、交通运输工具、机械工程设备、建筑材料的安全管理难度增加。

4.施工器械、施工材料质量也良莠不齐，现场的操作带来的机械危害也时有发生。

5.施工现场环境恶劣，招聘的工人普遍文化教育程度不高、专业知识水平不足，也缺乏必要的安全知识和保护意识，这也为整个项目的施工增加了安全隐患。

综上所述，一些水利工程施工过程中存在着大量安全隐患，我们应增强安全意识，在提高施工工艺的同时更应该采取科学的手段与方法对工程进行安全评价，发现安全隐患，及时发布安全预警信息。

（二）施工安全评价概述

1.安全评价内容

安全评价起源于 20 世纪 30 年代，国内外诸多学者对安全评价的概念进行了概括和总结，目前普遍接受的定义是《安全评价通则》中的"以实现安全为目的，应用安全系统工程原理和方法，辨识与分析工程、系统、生产经营活动中的危险、有害因素，预测发生事故或造成职业危害的可能性及其严重程度，提出科学、合理、可行的安全对策措施建议，作出评价结论的活动"。在国外，安全评价也称为风险评估或危险评估，它是指基于工程设计和系统的安全性，应用安全系统的工程原理和方法，对工程、系统中存在的危险和有害因素进行辨识与分析，判断工程和系统发生事故和职业危害的可能性及其严重性，从而提供防范措施和管理决策的科学依据。安全评价既需要以安全评价理论为支撑，又需要将理论与实际经验相结合，两者缺一不可。

对施工进行安全评价的目的是判断和预测建设过程中存在的安全隐患以及可能造成的工程损失和危险程度，针对安全隐患提早进行安全防护，为施工提供安全保障。

2.安全评价的特点和原则

安全评价作为保障施工安全的重要措施，其主要特点如下：

（1）真实性。进行安全评价时所采用的数据和信息都是施工现场的实际数据，保障了评价数据的真实性。

（2）全面性。对项目的整个施工过程进行安全评价，全面分析各个施工环节和影响因素，保障了评价数据的全面性。

（3）预测性。传统的安全管理均是事后工程，即事故发生后再分析事故发生的原因，进行补救处理。但是有些事故发生后造成的损失巨大且很难弥补，因此我们必须做好全过程的安全管理工作。针对施工项目展开安全评价就是预先找出施工或管理中可能存在的安全隐患，预测该因素可能造成的影响及影响程度，针对隐患因素制定出合理的预防措施。

（4）反馈性。将施工安全从概念抽象成可量化的指标，并与前期预测数据进行对比，验证模型和相关理论的正确性，完善相关政策和理论。

3.安全评价的意义

安全评价是施工建设中的重要环节，与日常安全监督检查工作不同，安全评价通过分析和建模，对施工过程进行整体评价，对造成损害的可能性、损失程度及应采取的防护措施进行科学的分析和评价，其意义体现在以下几个方面。

（1）有利于建立完整的工程建设信息底账，为项目决策提供理论依据。随着社会现代信息化水平的不断提高，工程需逐步完善工程建设信息管理，完善现有的评价模型和理论，为相关政策、理论的发展提供大数据支持，建立完善的信息底账意义重大，影响深远。

（2）对项目前期建设进行反馈，及时采取防护措施，使得项目建设更加规范化、标准化。中国安全施工的基本方针是"安全第一、预防为主、综合治理"，对施工进行安全评价，弥补前期预测的不足，预防安全事故的发生，使得工程朝着安全、有序的方向发展，有助于完善工程施工的标准。

（3）减少工程建设浪费，避免资金损失，提高资金利用率和项目的管理水平。对施工过程进行安全评价不仅能及时发现安全隐患，更能预测隐患所带来的经济损失，如果损失不可避免，及早发现可以合理地选择减少事故的措施，将损失降至最低，提高资金的利用率。

（三）安全评价方法

1.定性分析法

（1）专家评议法

专家评议法是多位专家参与，根据项目的建设经验、当前项目建设情况以及项目发展趋势，对项目的发展进行分析、预测的方法。

（2）德尔菲法

德尔菲法也称为专家函询调查法，基于该系统的应用，采用匿名发表评论的方法，即必须不与团队成员之间相互讨论，与团队成员之间不发生横向联系，只与调查员之间联系，经过几轮磋商，使专家小组的预测意见趋于集中，最后作出符合市场未来发展趋势的预测结论。

（3）失效模式和后果分析法

失效模式和后果分析法是一种综合性的分析技术，主要用于识别和分析施工过程中可能出现的故障模式，以及这些故障模式发生后对工程的影响，从而制定出有针对性的控制措施以有效地减少施工过程中的风险。

2.定量分析法

（1）层次分析法

层次分析法是在进行定量分析的基础上将与决策有关的元素分解成方案、原则、目标等层次的决策方法。

（2）模糊综合评价法

模糊综合评价是一种基于模糊数学的综合评价方法。该方法根据模糊数学的隶属度理论的方法把定性评价转化为定量评价，即用模糊数学对受到多种因素制约的事物或对象作出一个总体的评价。

（3）主成分分析法

主成分分析法也被称为主分量分析，在研究多元问题时，变量太多会增加问题的复杂性，主成分分析法是用较少的变量去解释原来资料中最原始的数据，将许多相关性很高的变量转化成彼此相互独立或不相关的变量，是利用降维的思想，将多变量转化为少数几个综合变量。

三、水利工程施工现场安全评价指标体系的建立

（一）指标体系建立的原则

影响水利工程施工安全的因素很多，在对这些评价元素进行选取和归类时，应遵循以下建立原则：

1.系统性

各评价指标要从不同方面体现出影响水利工程施工安全的主要因素，每个指标之间既要相互独立，又存在彼此之间的联系，共同构成评价指标体系的有机统一体。

2.典型性

评价指标的选取和归类必须具有一定的典型性，要尽可能地体现出水利工程施工安全因素的一个典型特征。另外指标数量有限，更要合理分配指标的权重。

3.科学性

每个评价指标必须具备科学性和客观性，才能正确反映客观实际系统的本质，能反映出影响系统安全的主要因素。

4.可量化

指标体系的建立是为了对复杂系统进行抽象以实现对系统定量的评价，评价指标的建立只有通过量化的方法才能精确地展现系统的真实性，各指标必须具有可操作性和可比性。

5.稳定性

建立评价体系时，所选取的评价指标应具有稳定性，受偶然因素影响波动

较大的指标应予以排除。

（二）指标体系建立的影响因素

影响水利工程施工安全的指标多种多样，经过调研，将影响安全评价指标体系建立的因素分为四类：人的风险、机械设备风险、环境风险、项目风险。

1.人的风险

在对水利工程施工安全进行评价时，人的风险是每个评价方法都必须考虑的问题，研究表明，由人的不安全行为而导致的事故在80%以上，水利工程施工大多在一个有限的场地内集结了大量的施工人员、建筑材料和施工机械。施工过程中人工操作较多，劳动强度较大，很容易由人为失误酿成安全事故。

（1）企业管理制度。由于中国现阶段水利工程施工安全生产体制还有待完善，施工企业的管理制度在很大程度上直接决定了施工过程中的安全状况，管理制度决定了自身安全水平的高低以及所用分包单位的资质，其完善程度直接影响到管理层及员工的安全态度和安全意识。

（2）施工人员素质。施工人员作为工程建设的直接实施者，其素质水平直接制约着施工的成效，施工人员的素质主要包括文化素质、经验水平、宣传教育、执行能力等。施工人员受文化教育的情况在很大程度上影响着施工操作规范性以及对安全的认识水平；水利工程施工的特点决定了施工过程繁琐，面对复杂的施工环境，施工人员的经验水平直接影响到其对施工现场的危险因素的识别速度和识别准确率；整个施工队伍人员素质良莠不齐、对安全的认识水平也普遍不高，公司的宣传教育力度能大大提高人员的安全意识；安全施工规章、制度最终要落实到具体施工过程中才能取得预期的效果。

（3）施工操作规范。施工人员必须接受安全技术培训，熟知和遵守所在岗位的安全技术操作规程，并应定期接受安全技术考核，焊接工人、车辆驾驶员以及各种工程机械操作工人等人员必须经过专业培训，获得相关操作证书后方能持证上岗。

（4）安全防护用品。加强安全防护用品使用的监督管理，防止假冒伪劣和不合格的安全帽、安全带、安全防护网、绝缘手套、口罩、绝缘鞋等防护用品进入施工场地，根据《中华人民共和国建筑法》《中华人民共和国安全生产法》及地方相关法规定在一些场景必须配备安全防护用具，否则不允许进入施工场地。

2.机械设备风险

水利工程施工是将各种建筑材料进行整合的系统过程，在施工过程中需要各种机械设备的辅助，机械设备的正确使用也是保障施工安全的一个重要方面。

（1）脚手架工程。脚手架既要满足施工需要，又要为保证工程质量和提高工效创造条件，同时还应为组织快速施工提供工作面，确保施工人员的人身安全。脚手架要有足够的牢固性和稳定性，保证在施工期间能承受住所规定的荷载或在气候条件的影响下不变形、不摇晃、不倾斜，能确保作业人员的人身安全；要有足够的面积来满足堆料、运输、操作和行走的要求；构造要简单，搭设、拆除和搬运要方便，使用要安全。

（2）施工机械器具。施工过程中使用的机械设备、起重机械（包含外租机械设备及工具）应采取多种形式的检查措施，消除所有损坏机械设备的行为，消除影响人身健康和安全的因素和使环境遭到污染的因素，以保障施工安全和施工人员的健康。形成保障体系，明确各级单位安全职责。

（3）消防安全设施。参照相关规定在施工场地内安设消防设施，适时展开消防安全专项检查，对存在安全隐患的地方发出整改通知书，制定整改计划，限期整改。定期进行防火安全教育，检查电源线路、电气设备、消防设备、消防器材的维护保养情况，检查消防通道是否畅通等。

（4）施工供电及照明。高低压配电柜、动力照明配电箱的安装必须符合相关标准要求，电气管线保护要采用符合设计要求的管材，特殊材料管之间采用丝接方式连接。电缆设备和灯具的安装符合施工规范,做好防雷设施。

　　3.环境风险

　　由水利工程施工的特点可知,施工环境对施工安全作业也有很大影响,施工环境又是客观存在的,不会以人的意志为转移,因此面对复杂的施工环境,只能采取相应的控制措施,尽量削弱环境因素对安全工作的不利影响。

　　(1)施工作业环境。施工作业环境对人员施工有着很大影响,当环境适宜时人们会进入较好的工作状态,相反,当人们处于不舒适的环境中时,会影响作业效率,甚至导致意外事故的发生。

　　(2)物体打击。作业环境中常见的物体打击事故主要有以下几种:高空坠物、人为扔杂物伤人、起重吊装物料坠落伤人、设备运转飞出物料伤人、放炮乱石伤人等。

　　(3)施工通道。施工通道是建筑物出入口位置或者在建工程地面入口通道位置,该位置可能发生的伤亡事故为火灾、倒塌、触电、中毒等,在施工通道建设时要防止出现流沙、膨胀性围岩等,该位置的施工为了防止由物体坠落而产生的物体打击事故,防护材料及防护范围均应满足相关标准。

　　4.项目风险

　　在进行水利工程施工安全评价时,项目本身的风险也是不可忽略的重要因素,项目本身影响施工安全的因素也是多种多样的。

　　(1)建设规模。建设规模由小变大使得施工难度增大,危险因素也随之增加,会出现多种不安全因素。跨度增大、空间增加会使施工的复杂程度成倍提高,也会大大增加施工难度,容易造成安全隐患。

　　(2)地质条件。施工场地地质条件复杂程度对施工安全影响很大,如岩溶、断层、断裂等,严重影响施工打桩建基的选型和施工质量的安全。如果对施工场地岩土条件认识不足,可能造成严重的质量安全隐患和巨大的经济损失。

　　(3)地形地貌。中国地域广阔,有平原、高原、盆地、丘陵、山地等多种地形地貌。对地形地貌进行分析是因地制宜开展水利工程施工安全评价的基础工作之一。

（4）涵位特征。箱涵施工时，不可避免地要跨越沟谷、河流、人工渠道等。涵位特征的选择也决定了它的功能、造价和使用年限，进行安全评价时要查看涵位特征是否因地制宜地综合考虑了所在地的地形地貌、水文条件等。

（5）施工工艺成熟度。在水利工程施工过程中，机械设备被大范围地使用，加上一些施工工艺本身的复杂性特点，使得操作本身具有一定的危险性，因此有必要提升施工工艺的成熟度，并使相关人员熟练掌握该工艺。

第二节　水利工程施工安全管理系统

在水利工程施工中可以应用一个以人为主、借助网络的信息化系统，其中专家体系在系统中的作用是最重要的。例如，评价体系指标元素的确定、评价方法的选择、评价指标体系的建立、评价结果的真实性判断等，这些环节在进行安全管理中是非常普遍的，但是在大型水利工程施工项目中只有依靠专家群体的经验与知识才能把工作处理好。笔者通过研究发现，专家体系是由跨领域、跨层次的专家动态组合而成的，专家体系包含五部分：政府部门、行业部门、建设单位（包括监理）、施工企业和安全专家，是由五种力量协同管理的五位一体模式，政府及主管部门随时检查监督，安全监理员可根据日常监管如实反映整体安全施工的情况，专家可以对安全管理信息进行高层判断、评判和潜在风险识别，施工企业则可以及时得到反馈和指导，施工人员也可以及时得到安全指导信息，学习安全施工的有关知识，与现场安全监管有机结合，最终实现全方位、全过程、全时段的施工安全管理。

一、系统分析

目前水利工程施工安全管理对于信息存储仍然采用纸介质方式，这就使得存储介质的数据量大，资料查找不方便，给数据分析和决策带来不便。信息交流方面，各种工程信息主要记载在纸上，这使得工程项目安全管理的相关资料都需要人工传递，影响了信息传递的准确性、及时性、全面性，使各单位不能随时了解工程施工情况。因此，各级政府部门、行业部门、建设及监理单位、施工企业以及施工安全方面的专家学者应该协同工作，形成水利工程安全管理的五位一体的体制。利用计算机云技术管理各种施工安全信息，包括文本、图片、照片、视频，以及有关安全的法律法规、政策、标准、应急预案、典型案例等。

二、系统架构

软件结构的优劣从根本上决定了应用系统的优劣，良好的架构设计是项目成功的保证，能够为项目提供优越的运行性能，本系统的软件结构是根据目前业界的统一标准构建的，为应用实施提供了良好的平台。系统采用了 B/S（浏览器/服务器）实施方案，既可以保证系统的灵活性和简便性，又可以保证远程客户访问系统使用统一的界面作为客户端程序，方便远程客户访问系统。本系统服务器部分采用三层架构，由表现层、业务逻辑层、数据持久层构成，具体实现由 J2EE（Java 2 平台企业版）多个开源框架组成，即 Struts2、Hibernate 和 Spring，业务逻辑层采用 Spring，表现层采用 Struts2，而数据持久层则采用 Hibernate，模型与视图相分离，利用这三个框架各自的特点与优势，将它们紧密地整合起来后应用到项目开发中，这 3 个框架分工明确，充分降低了开发中的耦合度。

三、系统功能

根据水利工程施工安全管理需求进行系统分析，将水利工程施工安全管理系统按照模块化进行设计，将系统按功能划分为 6 个模块，即安全资料模块、评价体系模块、工程管理模块、评分管理模块、安全预警模块、用户管理模块。用户管理模块主要为用户提供各种施工安全方面的文件资料。安全资料模块主要负责水利工程施工的法规与标准和应急预案资料的查询及管理。评价体系模块作为水利工程施工安全管理系统的核心部分，充分发挥自身专业化的技能，科学管理施工的安全性，保证施工的进度、质量和安全性。评分管理模块主要通过打分法、定量与定性结合法、模糊评价法、神经网络评价法以及网络分析法等方法对施工项目进行评价，且相互之间可以相互验证，提高评价的公正性与准确性，施工单位必须按照水利工程施工行业的质量检验体系和施工标准规范，依托相关的国家施工法律和相关行业规范，科学合理地编制本工程质检体系和检验标准，确保工程的施工进度和施工验收工作的顺利开展。工程管理模块用来对在建工程进行管理，可对工程进行分段划分，对标段资料信息进行管理，对标段的不同施工单元进行管理，并可根据评价体系对不同施工单元作出不同评价。安全预警模块的作用主要是管理和发布施工安全预警，贯穿项目管理的始末，可以有效地对施工过程存在的不安全因素进行预警，做到提前预防及布置安全防范措施。

（一）系统主界面

启动数据库和服务器，在任何一台联网的计算机上打开浏览器，在地址栏输入服务器相应的 URL（统一资源定位器），进入登录界面。为防止恶意用户利用工具进行攻击，页面采用了随机验证码机制，验证图片由服务器动态生成。用户点击安全资料链接可进入安全资料模块，进行资料的查阅；也可点击进行用户注册。会员用户输入用户名、密码、验证码，信息正确后进入系统。任何用户注册后都需经业主方审核通过后才能登录系统。

（二）法规与应急管理

水利工程施工是一个危险性高且容易发生事故的行业。水利工程施工中，人员流动大、露天和高处作业多，工程施工复杂及工作环境多变等都可能导致施工现场安全事故频发。因此，非常有必要按照相关的法律法规进行系统化的管理。此模块主要用于存储与管理各种信息资源，包括法规与标准（水利工程施工安全管理参考的相关法律、行政法规、地方性法规、部委规章、国家标准、行业标准、地方标准），应急预案参考（提供各类应急预案、急救相关知识、相关学术文章、相关法律法规、管理制度与操作规程，为确保事故发生后，能迅速有效地开展抢救工作，最大限度地降低员工及相关方安全风险）。方便用户根据需求检索资料，为各种用户提供施工安全方面的文件资料，用户可在法规与应急管理模块的菜单栏中根据不同的分类查找自己需要的资料，点击后在右侧内容区域进行显示。

（三）评价体系模块

不同用户角色登录后，由于权限不同，看到的页面是不同的。系统主要设置了四个用户角色，分别是业主、施工单位、监理、专家。

1.评价类别（一级分类）管理

评价体系模块主要由业主负责，用来确定用于对施工工程进行评价的评价方法及相对应的指标体系，主要包括参考依据、类别管理、项目管理、检查内容管理以及神经网络数据样本管理等部分。

安全评价的作用是杜绝或减少事故的发生，为了保障安全评价的有效性，对施工过程进行安全评价时应遵循以下原则：①独立性。整个安全评价过程应公开透明，各评估专家互不干扰，以保障评价结果的独立性。②客观性。各评价专家应是与项目无利益相关者，使其每次对项目打分均站在项目安全的角度，以保障评价结果的客观性。③科学性。整个评价过程必须保障数据的真实性和评价方法的适用性，及时调整评价指标权重比例，以保障评价结果的科学性。参考依据部分为安全评价的有效进行提供了依据。

评价类别主要是一级类别的划分，用户可根据不同行业标准以及参考依据自行进行划分，本系统主要划分包括安全管理、施工机具、桩机及起重吊装设备、施工用电、脚手架工程、模板工程、基坑支护、劳动防护用品、消防安全、办公生活区在内的 10 个一级评价指标，用户还可以根据施工安全评价指标进行类别的添加、修改和删除。页面打开后默认显示全部类别，如内容较多，可通过底部的翻页按钮查看。

通过点击上面的添加按钮，可弹出窗口进行类别的添加。其中内容不能为空，显示次序必须为整数数字，否则不能提交。显示次序主要是用来对类别进行人工排序，数字小的排在前面。类别刚添加时，分值为 0，当其中有二级项目后（通过项目管理进行操作），其分值会更新为其包含的二级项目分值的总和。用户在某一类别所在的行单击鼠标左键，可选中这一类别。在类别选中的状态下，点击修改或删除按钮可进行相应的操作。如未选中类别，而直接操作，则会弹出对话框，提示相关信息。对于一级分类下还有二级项目内容的情况，此分类是不允许直接删除的，需在二级项目管理页面中将此分类下的所有数据清空后才可操作，即当其分值为 0 时，方可删除。

2.评价项目（二级分类）管理

评价项目属于类别（一级分类）的子模块。如"安全管理"属于一级分类，即类别模块，其下包含"市场准入""安全机构设置及人员配备""安全生产责任制""安全目标管理""安全生产管理制度"等多个评价项目。在默认情况下，项目管理页面不显示任何记录，用户需点击搜索按钮进行搜索。所属类别为一级分类，从已添加的一级分类中选取，检查项目由用户手动输入，可选择这两项中的任何一项进行搜索；当"所属类别"和"检查项目"都不为空时，搜索条件是且的关系。在检查结果中，用户可以点击鼠标选中相应记录，进行修改、删除，方法同一级分类操作。也可点击添加按钮，添加新的项目。评价内容管理评价内容的操作主要是为评价项目（二级分类）添加具体内容，用户选择类别和项目后，可点击添加按钮进行评价内容的添加。经过对不同工程的各种评价内容进行分类、总结归纳，一共划分出三种考核类型，即是非型、多选型、文本框型。

3.检查内容管理

检查内容管理负责对施工单元进行评价，是评价体系的核心内容，只有选择科学、实用、有效的评价方法，才能真正提升施工企业安全管理的可预见性和效率，实现水利工程施工安全管理从事后分析型转向事先预防型。经过安全评价，施工企业才能建立起安全生产的量化体系，改善安全生产条件，提高企业安全生产管理水平。本系统在检查内容管理方面提供了打分法、定量与定性相结合法、模糊评价法、神经网络预测法以及网络分析法等多种评价方法。定性分析方法是一种从对研究对象的"质"或对类型方面来分析事物，描述事物的一般特点，揭示事物之间相互关系的方法。定量分析方法是为了确定认识对象的规模、速度、范围、程度等数量关系，解决认识对象"是多大""有多少"等问题的方法。系统通过专家调查法对水利工程施工过程中的定性问题如边坡稳定问题、脚手架施工方案等进行评价。由于专家不能随时随地在施工现场，可以将施工现场中的有关资料上传到系统，专家可以通过本系统做到远程评价。定量评价是指现场监理员根据现场数据对施工安全中的定量问题如安全防护用品的佩戴及使用、现场文明用电情况等进行具体精细的评价。一般说来，定量比定性具体、精确且具操作性。但水利工程施工安全评价不同于一般的工作评价，有些成果可以定量评价，有些不能或很难量化。因此，对于不能量化的成果，就要选择合适的评价方法。运用定性定量相结合的方法，在评价过程中将依靠专家经验知识进行的定性分析与基于现场资料的定量判断结合在一起，综合两者的结论，辅助形成决策。评价人员可以通过多种方式进行评价，充分展示自己的经验、知识，还可以自主搜索和使用必要的资源、数据、文档、信息系统等，辅助自己完成评价工作。

4.工程管理模块

工程管理模块主要包括业主对整个工程的管理、施工单位对所管辖标段的管理。此模块主要包括标段管理、施工单元管理、施工单元考核内容管理、评价得分详情、模糊评价结果以及神经网络评价结果等部分。不同的用户角色在此模块中具有的权限是不同的。

（1）标段管理

此模块分为两部分，一部分是业主对标段的管理，一部分是施工单位对标段的管理。

①业主对标段的管理。此模块是业主特有的功能，主要用于将一个工程划分为多个标段，交由不同的施工单位去管理。业主可为工程添加标段，也可修改标段信息，或删除标段。选中一个标段后，点击其中的查看资料将会弹出新页面，显示此标段的所有信息（这些信息是由施工单位负责维护的，其中施工单位是从已有用户中选择的），有开放（开放给施工单位管理）和关闭（禁止施工单位对其进行操作）两个选项，所有数据不能为空。

②施工单位对标段的管理。施工单位登录主界面后，会进入标段管理界面。如果某施工单位负责对多个标段的施工，则首先选择要管理的标段，选择后可进入标段管理主界面，如施工单位只负责一个标段，则直接进入标段管理主界面。施工单位可通过菜单栏对相应信息进行管理。

a.企业资质安全证件。这部分主要是负责管理有关安全管理的各种证件（企业资质证、安全生产合格证），用户第一次点企业资质安全证件时，系统会提示上传相关信息并转入上传页面。施工单位可在此发布图片、文件信息，并作文字说明。点击提交即可发布。点击右上角的编辑，可进入编辑页面，对信息进行修改。

b.信息的发布与管理。除企业资质安全证件以外的信息全部归入信息发布与管理。主要包含规章制度和操作规程（安全生产责任制考核办法，部门、工种队、班组安全施工协议书，安全管理目标，安全责任目标的分解情况，安全教育培训制度，安全技术交底制度，安全检查制度，隐患排查治理制度，机械设备安全管理制度，生产安全事故报告制度，食堂卫生管理制度，防火管理制度，电气安全管理制度，脚手架安全管理制度，特种作业持证上岗制度，机械设备验收制度，安全生产会议制度，用火审批制度，班前安全活动制度，加强分包、承包方安全管理制度，各工种的安全操作规程，已制定的生产安全事故应急救援预案，防汛预案，安全检查制度，隐患排查治理制度，安全生产费用管理制度），工人安全培训记录，施工组织设计及批复文件，工程安全技术交底表格，危险源管理的相关文件（包括危险源的调查、识别、评价和采取的有效控制措施），施工安全日志（详实的），特种作业持证上岗情况，事故档案，各种施工机具的验收合格书，施工用电安全管理情况，脚手架管理规定（包括施工方案、高脚手架结构计算书及检查情况）。点击信息发布，选择栏目后可发布文字、图片、文件、视频等信息。

（2）施工单元管理

施工单元代表着标段的不同施工阶段，此模块主要由施工单位负责，业主也具有此功能，同时比施工单位多了评价核算功能。施工单位可在此页面增加新的施工单元，也可修改、删除单元资料。同时，点击菜单栏，可以发布与此施工单元有关的文字、图片、视频等信息。施工单位只能管理自己标段的单元信息，而业主可以对所有标段的施工单元进行操作（但不能为施工单位发布单元信息），同时可对各施工单元进行评价结果核算。业主可选择打分法、模糊评价法、神经网络法中的一种方法进行核算，核算后结果会显示在列表中。

5.评分模块

此模块主要涉及的角色是业主和专家。业主负责指定评价内容，专家负责审核标段资料，并对施工单元进行打分，最后由业主对结果进行核算。首先由业主确定施工单元要考核的内容，选好相应施工单元后，可点击添加按钮，选择要评价的项目，其中的评价项目来自于评价体系模块。每个标段可以根据现场不同的情况指定多个考核项目。同时可以点击查看打开测试页面，了解具体评分内容。专家通过登录主界面进入系统，首先选择要测评的标段，选择相应标段后，可进入标段信息主页面，对施工单位所管理的标段信息进行检查。点击施工单元评价，可对施工单元信息进行检测和评价。点击进行评价，专家进入评分主界面。选择其中的一项，点击进行打分，进入具体评分页面。

6.安全预警模块

安全预警机制是一种为防范事故发生而制定的一系列有效方案。预警机制顾名思义就是预先发布警告的制度。此模块主要是由专家向施工单位发布安全预警信息，提醒施工单位做好相应工作。由专家选择相应标段，进行信息发布，业主对不同标段预警信息进行删除与修改。施工单位登录标段管理主界面后，首先显示的就是标段信息和预警信息。

第四章　水利工程施工阶段安全成本

第一节　水利施工企业安全成本的
基本理论

一、水利施工企业安全成本的基本概念

从经济学角度出发，水利施工企业安全成本主要探求施工单位为达到最好的施工安全水平而支付的安全成本费用与未能达到预期目标而产生的成本损失。由此可知，水利施工企业安全成本不是简单的经营生产活动费用，而是为达到目标安全水平而支付的费用。

水利施工企业安全成本就是水利施工企业在水利项目施工过程中产生的与安全相关的所有费用之和，也即为保障施工的安全性，企业所支出的费用和因安全性而引起的所有损失。在水利项目建设中，虽然安全成本贯穿始终，但其并不是一种简单的职能成本，而是一种分析经济活动的方法。①作为成本它是可变的。它的变化是根据水利企业安全水平而定的，根据变化的趋势，我们可以算出安全水平的最佳状态。②安全成本还可以看作机会成本，它在突破经济活动局限性的同时，对应当或者可能的经济活动进行预测分析，从而帮助决策者作出决断。③安全成本还可看作估计成本，因此常带有预测属性，因而可为某些特定问题提供解决方案，帮助领导作出判断。

二、水利施工企业安全成本的构成和类别

水利施工企业安全成本分类很多，可以根据不同的要求、不同的目的分为诸多类型。

（一）安全成本保证部分和安全成本损失部分

水利施工企业安全成本概括起来可以分成两种类别以及四个小的组成单元，如图 4-1 所示。

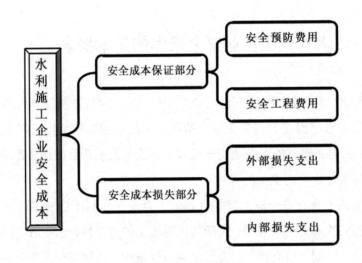

图 4-1　水利施工企业安全成本分类（1）

安全成本的保证部分即为保证施工的安全程度所支出的成本。这里所说的成本包含两部分，一部分为预防费用，另一部分为工程费用。为了生产过程中不出现安全事故，设备的调试、对应的管理方案、施工过程中的监督、安全知识的宣传和施工前的培训等是必不可少的。这些措施都是有成本的。这些成本便构成了安全成本保证部分。总体来讲，安全成本保证部分的作用就是通过保证生产过程的安全性从而取得社会效益与企业的经济效益。从这里可以看出，

安全的生产施工已经成为对安全成本保证部分进行控制的必要前提。

保证部分中的预防费用即为了使工程能够正常运营而对基础设施的使用进行监督并加强安全管理的费用，另外还有安全知识的宣传和对人员的培训而产生的费用。其主要目的就是使制定的安全措施充分发挥其作用以有效防止施工过程中产生安全隐患。保证部分的工程费用则指为提高施工的安全程度而购进隐患检测设备、仪表等产生的费用，保障施工环境的安全水平是其主要目的。

安全成本的损失部分一般指因安全水平不达标使施工不能按预期进行而产生的费用，主要由企业的外部损失支出部分和内部损失支出部分组成。施工过程中衬砌、支护、三脚架等设施使用不当或存在设计缺陷，管理部门工作未及时落实到人、监测与监督不到位，施工人员对隐患的防范意识薄弱、违章作业、疲劳作业等均会造成设备损坏、施工停滞不前、施工人员生命财产遭到损失等事故，进而令安全成本的损失部分增加，这些具有损失性质的支出便组成了安全成本的损失部分。安全成本的损失部分是指企业因为施工环境安全水平不达标引起生产隐患而使施工不能如期进行所承受的代价。

外部损失支出主要指由施工环境安全水平不达标而引发的不良效益。安全成本中保证费用部分越高，则施工中管理部门的职责越完善，防范措施越到位，施工环境中的安全水平越高，出现的隐患问题越少，安全成本中损失部分也就越小。反之，安全成本中保证部分越少，则损失部分所占比重也就越高。

内部损失支出是指因为安全水平问题引发事故，企业内部不得不停工并对事故进行层层处理等由此所造成的损失。

（二）主动安全成本与被动安全成本

我们可以按照安全投入的主动性和被动性，或者根据建筑施工企业安全成本活动发生的情况将安全成本划分成主动的安全成本和被动的安全成本，如图4-2所示。

安全成本中主动部分主要指在水利项目施工中，水利施工企业针对施工安全主动进行的投入；被动部分主要指迫于消除隐患，企业不得不用于应对突发事件的费用。

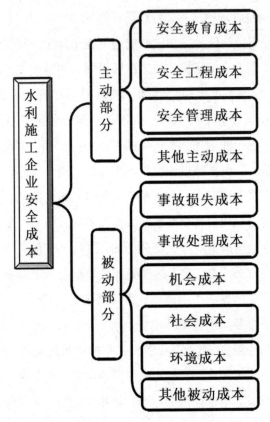

图 4-2　水利施工企业安全成本分类（2）

（三）安全成本中的显性部分与隐性部分

成本由可以直接数据化的部分与不能直接数据化的部分组成，因此水利施工安全成本还可分成显性部分与隐性部分，如图4-3所示。

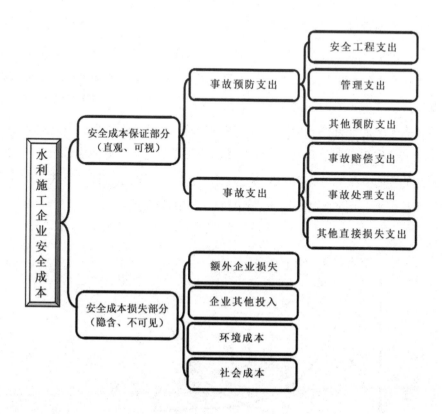

图 4-3 水利施工企业安全成本分类（3）

安全成本中的显性部分主要指可以直接数据化的支出部分，这部分支出主要由两类费用构成，即事故预防支出和事故支出。它们均可以数据的形式直接在财务汇报中反映出来。事故预防支出是指使施工人员能在安全水平较高的施工环境中作业或者用于预防事故发生而在施工初期投入的费用。事故支出即由安全隐患的产生所造成的在原定预算外的支出。

安全成本中隐性部分即无法直接以具体数据体现的预防隐患发生与隐患发生后产生的支出，包括额外企业损失、企业其他投入、不可预料的环境成本以及由政策改革等产生的社会成本，对于安全成本的隐性部分，笔者认为研究的重中之重应是如何将其具体数据化并体现在财务报表中。

　　由于我国水利工程发展仍存在不足，因此安全成本的隐性部分无法以具体数据呈现出来，加之其不能与当今财务体制有效融合，且值得注意的是安全成本中的隐性部分是以显性支出为基础的，故将研究的重点放在可以行之有效地以数据形式体现出来的部分，且当前我国水利工程施工安全成本研究重点也是对安全成本中的显性部分进行深入探究与优化，故笔者接下来也将安全成本中的显性部分作为主要研究目标。安全成本的外显部分可以分成两部分，一部分为事故的预防支出，另一部分为事故支出。它们均可以以数据的形式在财务预算中体现出来。图 4-4 则体现了它们之间的内在关系。

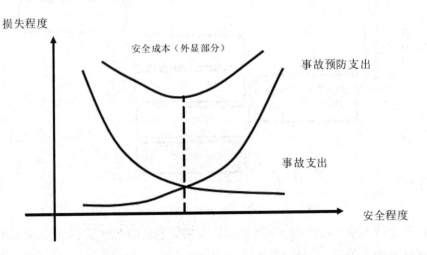

图 4-4　水利施工企业安全成本外显部分的组成及其相互关系

　　从图中我们可以得出：事故预防支出曲线的增长可以令事故支出曲线渐渐下降，但水利施工企业安全成本的曲线则呈 U 字形。以事故预防支出和事故支出的交点为界限，左边部分安全成本随事故预防支出增长而增长，此时水利施工企业安全成本的曲线呈现缓慢下降趋势，一旦过了这个界限，水利施工企业安全成本则随着事故安全支出的增加而呈现上升趋势。

第二节 水利工程修建时期
安全成本控制

实施安全成本的控制是为了最大限度地减少耗费，以降低成本，这就要求降低项目费用，如何降低项目费用成了关键，这里用到的办法是目标产出法，即用最小的投入得到相同的产出——运用先进的管理方法，减少人工费、材料费、机械运行费用等，以节省开支，并获得最大经济效益。总体上来看，安全成本控制的系统过程包括安全成本变更控制、安全成本执行情况监控、补全计划编制三个方面的内容。其中，安全成本变更控制的变更费用计划的批准程序是递交书面文件、追踪考核、变更；对安全成本执行的监控有助于及时掌握估算与实际情况的偏差，以及对成本的控制情况，分析偏差产生的原因并及时采取纠正措施；补全计划编制一般是指需要变更的特殊情况，即项目费用不在计划轨道上运行时，需要采取新的或修订的费用估算方法（替代方法），而这部分的变更补充说明就叫做补全计划编制。以上就是安全成本控制的全部内容，可见，安全成本的控制过程复杂繁冗，对安全成本进行管理分析时更是需要多种数据、表格和方法。安全成本控制的方法很多，这里主要介绍挣得值法。

一、挣得值法

（一）概念阐述

挣得值法是为工程决议人员对工程的执行情况以及工程支出的情况，并对工程在以后的施工走向作出正确推断与展望提供便利的。它的主要思维方法就是借助工程的费用来衡量工程的执行情况，说直白点就是不像原来那样用简单的支出来衡量工程执行情况，而是通过观察费用转变来衡量项目完成量的多少。若要达到此目的，便要在以偏差分析法为前提的同时加入一个新的中间因子，这个因子就是所谓的"挣得值"，可以用"EV"来表示。对挣得值法的思维方式进行剖析不难看出，它是由指数分析原理经过步步推导发展而来的，据此可以获得下面的论断：

1."挣得值"作为中间因子被导入的初衷是为统计分析服务的，目的在于更好地阐述工程支出与工程执行天数的相互关系，所以它的重要存在价值仅限于统计方面，在经济方面则无实质属性。

2.反映出由状况的改变而产生的彼此间的作用、工程支出与工程执行天数的改变状况、工程支出与工程执行天数在以后的走势及其对工程产生的作用，都是加入"挣得值"的主要目标，并且是以"工程总支出的综合指数"的形式体现的。

3.质量综合指数通常用来反映企业对项目治理水准的高低、作业实体是否符合标准等问题状况的变化数据，故"挣得值"主要是起到用综合指数权衡工程成果好坏以及完善工程的作用，而这里的质量综合指数便是由以"挣得值"为基础、隶属于"派氏质量指数"的分母或"母项"推算出来的。

（二）挣得值法的变量

挣得值法主要拥有三个基础变量：

1.当工程实施一定时间后，以此时间点为基准推算出到该时间点原计划支出的费用，其作用是以货币为基础映射出工程方案在此时本应完成的施工程度，这个费用被称为PV——计划工作量的预算成本，同时也被称为BCWS（计划工作预算费用）。

2.当工程实施一定时间后，以此时间点为基准修建工程所花的时间费用，这个费用就是AC——已完成工作量的实际成本，同时又被称为ACWP（已完工作实际费用）。这个费用是对工程进行修建的一个进程在结束后的所有支出，它是不容许通过估计得出的，同时也没有对某个值的推算。

3.在工程实施过程中以其中的一个时间点为基准，按照原来的支出计划从工程开工一直到该点实际完成工作量应该消耗的费用，这个费用便是赢得值，也即所谓的挣值 EV，EV 起着解析工程成本、反映工程实际执行状况及与原定方案差距的作用。它也被称作 BCWP（已完成工作预算费用）。

（三）偏差阐述与解析

对 CV（成本偏差）、SV（进度偏差）二者的分析均为工程偏差分析。

（1）BCWP 与 ACWP 之间相差的数值便是所谓 CV。公式如下：

$$CV=BCWP-ACWP$$

CV 的数值有三个分段。在 CV<0 的时候，体现出工程的费用支出效果很差，实际支出高于原定计划，企业会因此出现亏损；反之在 CV>0 的时候，体现出工程的费用支出效率高，因为此时的实际支出低于原定计划，施工企业也会因此产生利润；而在 CV=0 时，体现出工程修建按照预期计划完成，企业因此不亏不赚。

（2）BCWP 与 BCWS 之间相差的数值便是所谓的 SV。公式如下所示：

$$SV=BCWP-BCWS$$

SV 的数值也像 CV 那样拥有三个分段。在 SV<0 的时候，体现出工程修建的实际进度与原定部署相比较为缓慢，未跟上规划，进而可能降低施工效率；反之在 SV>0 的时候，体现出工程施工情况较好，实际进度比原定方案快，进程较预定提前；而在 SV=0 时，体现出工程的施工情况与原定方案相同，施工正好按预期结束。

二、挣得值法在安全成本中的应用

安全成本是指为保障安全生产投入的必要资金与由于人的不安全行为或物的不安全状态所导致的安全事故的损失费用之和。

由基本定义可知，安全成本由两部分组成：为保证安全生产必要投入的费用（又称保证成本）以及不安全因素导致的损失费用。其中，保证成本随着项目工作安全性的提高而呈现增长趋势，即安全系数越高所需要的保证成本越高。与此同时，安全系数的提高直接影响着项目的损失成本，损失成本随着安全系数的提高而降低。保证成本与损失成本共同组成了项目安全总成本。

（一）安全成本变量的引入

工程项目施工过程中发生较大的安全事故是无法预测和避免的，事故的发生是无法辩驳的事实，因安全事故的产生而产生的项目成本是无法估量的，重大事故造成的损失甚至会超过项目总成本，因此安全成本支出具有现实性，是项目费用中一项必要的支出，甚至具有法律强制性（如《中华人民共和国安全生产法》《中华人民共和国建筑法》等对工程项目施工的安全投入作出了强制性的规定）。挣得值法忽略了成本与安全性的现实存在性，仅以成本/进度两个指标进行集成管理是远远不够的，安全是一般项目中最主要的一项指标。因此，为了完善挣得值法，使其更加符合项目作业客观实际性，引入安全成本是十分必要的。

根据挣得值法基本原理引入安全成本参数，即在挣得值理论基础参数之上引入三个安全成本参数，分别为：①计划工作的预算安全成本（SBCWS），相当于挣得值法中的 PV；②已完工作所消耗的实际安全费用（SACWP），相当于挣得值法中的 AC；③已完工作量的安全预算成本（SBCWP），相当于挣得值法的 EV。我们采用计划单列、实际统计的方法确定安全成本。

SBCWS 在项目计划阶段，有规定的资金投入整个项目的安全计划中，在项目总计划时给出，即安全费用预算值由计划确定。在项目进行阶段，安全计划成本也给出一个固定的安全投入额，服务于整个项目工作，并且由计划总成本可计算出计划安全成本所占总成本的比重 j，其中 j＝SBCWS÷BCWS（0＜j＜1）。

（二）挣得值法安全成本分析

挣得值法安全成本的分析，即在挣得值法基础之上，进行安全成本分析，但分析侧重方面有所不同，主要侧重以下所列指标。

1.安全成本绩效指数 SCPI

SCPI＝SBCWP÷SACWP，当 SCPI 大于、等于或小于 1 时，分别表示安全成本节约、完成计划或超支。普通挣值法只是对情况进行了简单的分类，而并未有深入分析。因此，本方法针对不同结果进行基础分析。即使是安全成本节约时，也应分析原因，若是由优化到位、效率提高等积极因素引起的，应继续保持，若是投入不够而导致没能保证计划的安全目标实现，则应进行优化，增加安全成本的投入，如实例中损失性成本高于保证性成本，就是由投入不足所导致的。当 SCPI 显示安全成本超支时，要深入分析对安全总成本产生影响的根本原因，根据不同原因采取相应优化措施。若是由于保证成本超支，则应进行进一步分析。要想达到保证安全的目的，则应调整安全成本计划；若安全防护太过复杂，远远超出安全生产的基础条件而产生冗余保障，则应适当降低安全投入；若是由安全损失导致成本太高，如安全罚款、工伤事故等较大支出造成的安全成本增加，则必须在保证安全费用再投入的情况下进行优化，从而达到保证安全成本进入正常轨道的目的。在实例中经常出现因外脚手架搭设不到位而停工整改两天的情况，这一情况虽然在实例中并没有引起重视，并未对这一现象进行分析，但是，因停工所造成的窝工损失，造成工程总费用增加。

2.项目成本绩效指数 CPI

CPI＝BCWP÷ACWP，CPI 大于、等于或小于 1 分别表示项目成本节约、完成计划和成本超支。CPI 小于 1 时，则应考虑这一现象是否是引入的安全成本投入过大，或是安全投入和优化不到位而导致安全损失成本的增加，如果是安全保证成本直接导致了整体成本绩效不佳，则应该就这一原因采取相应措施，加强优化安全成本，从而降低总消费。CPI 大于 1 时，虽然在传统挣得值分析中是种绩效好的现象，但是，在引入安全成本之后这一现象的结果就变得不确定。因此，有必要分析安全成本对总成本的影响，如果是安全防护设施不到位和安全成本投入太少而导致总成本降低，则必须增大安全成本的投入。因为，虽然在表面上成本得到了节约，但是仍然存在内在隐患（例如安全事故的发生），一旦发生隐形事故必定会大大增加安全损失成本，从而提高项目总成本。因此，即使增加了总成本也必须保证安全成本的投入。

3.安全成本执行效果指数 SCPI*

SCPI*＝SACWP÷ACWP，SCPI*大于、等于或小于 1 时分别表示安全成本节约、完成计划值或安全成本超支。SCPI*表现为实际消耗的安全成本占实际总成本的比率。SCPI*大于 1 时，应具体分析安全投入增加的原因，如果是不可避免的安全保证成本所造成的，则应调整安全成本计划，如果是某一生产工序的特殊需要占用了后期的安全成本，可不予以控制，按照正常投入进行后期项目。如果是其他因素造成的，则应加强优化和控制，以保证安全成本投入效率。

水利工程项目施工过程中，如何合理控制安全成本是项目费用管理的重要问题之一。控制安全成本，关键是及时分析费用绩效，在早期发现和解决费用的偏差和无效问题，以便采取相应纠正措施，督促整个项目能够按时完成。

第三节 水利施工企业安全成本核算

一、水利施工企业安全成本核算概述

（一）水利施工企业安全成本核算的含义

水利施工企业安全成本核算就是根据国家相关的制度、法规以及水利施工企业经营的需求，依据真实成本信息对建筑产品生产过程中实际发生的资源消耗进行统计，并进行相应的账务处理的过程。安全成本核算实际上是以货币的形式反映出所产生的安全成本费用。不仅是安全经济核心内容，更是水利施工企业进行安全投资决策的重要依据。

1.安全成本核算体制属于管理会计范畴

水利施工企业安全成本核算体制不同于一般会计体制，其属于管理会计的范畴，最终目的是增强企业竞争力，提高施工安全水平，因此有时会有安全成本核算体制中的一些项目在一般会计体制中无法提取，也可能无法还原回去的现象。基于这一现象，实践证明，建立独立的安全成本核算体制，利用管理会计中的一些必要手段进行管理是较好的解决办法之一。在企业资金或材料等条件不充足的条件下，我们可以在一般会计体制的基础上进行安全成本核算，通过对一般会计体制的内容或者科目进行加工和处理之后才能将其用于安全成本核算，更为重要的是，这一方法比单独创建安全成本账户工作在节约资源方面更加有效。

2.安全成本主要指显性成本

为了证明本书研究成果的可行性，忽略了隐性成本的相关研究，主要考虑了显性成本，这是因为普通施工企业目前还并不能真正认识和掌握隐性成本的研究和优化方法，在应用上就更加困难。此外，本书研究成果另外一个重要目的是建立一个可供一般施工企业参考的安全成本优化体系，因而对于隐性成本并没有做深层次的分析和研究。

3.安全成本与安全水平的关系

预期安全水平直接影响到安全成本的投入。预期安全水平与安全成本投入关系如图 4-5 所示。

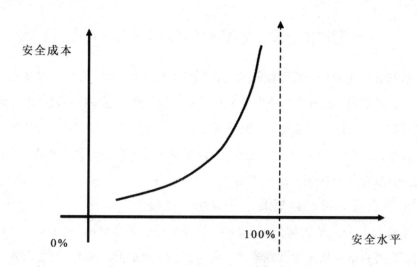

图 4-5　安全成本与安全水平关系图

安全预防成本随着预期安全水平的提高呈现增长趋势，甚至导致施工安全成本发生变动。各施工企业可以根据企业或者项目的特征来确定适度的安全水平，从而根据确定的安全水平制定相应的安全成本计划，在后期施工过程中根据制定的成本计划对成本进行优化和控制。

4.安全成本核算的目的是为决策提供依据

进行成本核算并不单是为了使企业了解成本的多少，而是通过对安全成本的控制、比较和分析为进行安全成本优化提供决策依据，从而达到在降低成本、提高安全水平的前提下增加企业经济效益、社会效益的目的。

（二）水利施工企业安全成本核算的必要性

水利施工企业安全成本核算是通过采用货币形态的量化形式来综合反映企业活动质量状况和成效的，并且为提高企业安全水平提供了参照和依据，通过提高企业安全性提高安全工作的可操作性和科学性，因此对安全成本的核算是非常有必要的，在此就主要方面进行如下总结：

1.是企业发展的需要

随着社会的进步、经济水平的提高，水利施工市场竞争也日益激烈，同时施工技术的普及和日益成熟，导致施工企业在工程投标过程中的竞争更多表现为企业能力的竞争。安全成本不仅是整个施工过程中的一个重要因素，更是施工企业"四大目标"（工期、质量、成本、安全）之一，加大企业安全成本优化力度，对在激烈的市场竞争中取得优异成绩十分重要，安全成本核算作为安全成本优化的一个重要手段、企业竞争的一大法宝，对其研究和分析以及根本上的加强势在必行。

2.是企业成本控制的需要

一个发展成熟的企业首要技能就是对企业的成本有着良好的控制，安全成本作为企业成本的一个重要部分，理应并且必然受到企业决策者的关注及重视，安全成本核算作为安全成本优化的基础和核心内容，对水利施工企业成本的控制有着重大的影响。

3.是保护资源的需要

不可避免地，工程施工过程中发生的工程事故会带来生态和环境效益的损失以及材料的浪费、人员伤害等。安全成本核算体制的建立有利于提高企业安全水平，减少安全事故损失以及资源的浪费等，因此安全成本核算体制的建立是保护资源所必需的内容。

（三）水利施工企业安全成本核算的程序

水利作业过程中的安全成本核算并不是一个静态过程，为了方便对其进行研究和处理，将核算大致分为以下步骤进行：

1.收集并整理相关材料。

2.根据相关规定制定安全成本账簿。

3.根据施工企业财务材料，调整企业财务会计明细表。

4.根据安全培训资料、安全工程支出、安全事故直接导致的损失、安全事故解决原材料等，分析成本状况，并对相关项目进行记录并整理归入成本核算相关账簿里，并同时进行安全成本核算工作。

5.财政会计核算末期，根据企业财务会计明细表及财务相关记账文件及处理原文件，初步运用安全成本会计核算账簿，在此基础之上，初步建立安全成本账目分类明细表。

6.最后进行材料汇总并分析。

二、水利施工安全核算体制建立

（一）安全成本的会计核算体制

水利相关材料记载，目前我国大多数水利施工企业只是在统计方面做了简单的记录和分析，而并未将企业安全方面会计核算体制的建立和完善考虑在内，然而，社会的进步、经济的发展，对施工构造物的要求越来越高，不将会计核算体系考虑在内的统计工作明显不适合现代的发展以及安全成本的优化需要，因此必须将企业安全核算体制的建立充分考虑在内，以提高企业成本效率，从而促进安全成本优化工作的规范化。企业要想建立完善的安全成本核算体制，首先要对现有的核算方法进行充分理解和分析，立足现有的信息，结合

安全核算成果,制定和完善有效的安全成本核算体制。安全成本会计核算体制的建立主要包括以下内容:

1.建立成本归纳科目

按照安全成本核算的成本科目设置建立四级科目,在前三级科目设置过程中增设安全成本调整科目,这一科目,主要用于对间接量化的成本项目的分配和调整,其中间接量化的成本项目是指不能直接量化但较为准确间接量化的项目。

2.设置总分类账和明细分类账

总分类账和明细分类账不仅是安全成本会计核算制度中的主要内容,更是安全成本分析的重要工具,因此必须根据会计核算基本原则进行建立。

3.会计核算后期对安全成本进行分配和还原

为了得出导致安全成本变化的根本原因和责任主体,在会计核算后期对安全成本进行再分配、调整和还原,这一步骤不仅有利于发现安全成本产生的根本原因和主要责任部门,更有利于明确安全成本产生的重点对象和分布位置,对后期有目的性的安全成本优化的实施起到促进作用。

（二）安全成本的统计核算体制

就目前水利施工企业的调查而言,大多数相关施工企业并没有建立安全成本核算制度,这直接导致相关部门对事故发生原因乃至事故发生整个过程不了解,安全成本日益增加、制度的不完善,导致企业负担过重。安全成本核算制度的建立,虽然会在一定程度上减弱上述情况给企业带来的影响,但是它并不能分析出事故产生的根本原因及后果,也不能预防安全事故的发生。因此,在引入安全成本核算之后,应将其与统计制度充分结合起来。安全成本统计核算体制主要包括以下三方面内容:

1.根据企业及项目实际情况设置安全成本统计控制点

与一般制造业不同,水利项目具有一次性的特点,因此在设置安全成本统计控制点时必须将水利项目及施工企业特点全部考虑在内，避免不必要资金的投入和人力的浪费。建立统计点时，要充分考虑企业安全水平，结合财务会计、安全管理等相关部门的基础要求，力争做到及时、全面，争取做到不遗漏统计点。

2.建立安全成本统计表

要想对安全成本统计材料进行全面的分析、归类、汇总和建立安全成本统计表，就必须充分收集统计点相关材料及施工作业过程中事故基本情况及处理材料，并与安全成本会计核算科目、安全成本分析表充分结合，从而完成建立安全成本统计表的目的。当水利工程出现意外情况时，需要对因意外造成的损失以及发生的缘由进行材料的整理。

3.划分支出种类并进行总结

这里所谓的支出主要是安全支出，在事故总结表格中，提炼出重要信息，并在咨询安全负责人后，以其需求为主对资料进行种类的划分并整合。

（三）确立财务与安全支出关系

水利项目中，安全支出情况与水利企业的成本存在着内在关联，所以我们可以以此为基础确立它们之间的对照关系，从而可以使它们的数据进行转化以至于彼此复原，进而提升这些材料的运用效率。但也不能经常如此，因为它们并不都是一一对应的关系，这种时候就不能简单地对它们的数据进行调用，而需要在使用前进行加工处理。

三、安全成本核算运作流程设计

水利工程施工企业安全成本核算的运作程序主要包括以下几点：

（1）依据施工企业安全成本科目对照表格对内容进行分类整理，规划出水利项目安全支出的总体账目并进行类别划分，以及做好细节处理，比如对明细账目的划分汇总，以便以其为根基确定出水利安全成本的核查计算账簿。

（2）以施工企业财务会计科目与安全成本之间的对应关系为基础建立水利安全支出与财会的相互映射表，以便对财会中的细节账目进行管理。

（3）合理运用施工企业各种安全事故统计点的原始凭证、安全事故发生成本源分析表、安全事故重修表、停止施工表、损失解决方案以及损失赔偿方案，以便对安全支出进行统计，然后再进行分类划分。

（4）建立水利安全支出核查计算的账簿，做好细节的收录与划分，然后再以科项调节为基础，合理运用财会实时核查表中的内容，将资料进行整理归类并进行总结，最终以数据的形式在核查计算的账簿里体现出来，这些都是工程期末需要整理的重要内容。

第四节　水利工程安全成本优化

一、水利工程施工项目安全成本管理存在的问题

（一）意识缺乏

从目前实际情况来看，社会经济发展不断完善，市场竞争日益激烈，为了能够提升工程质量，并提高企业经济效益，一些建设单位在工程开展当中，更多地将工作重心放在施工技术和设备的引进上，并且成本管理也多数体现在采购环节等方面，对于安全成本缺乏应有的意识。一些施工单位对于安全成本缺乏应有的认知，导致施工环节中安全防护措施不够完善，而水利工程项目的地理环境又较为复杂，一旦自然因素或者人为因素造成了意外，势必造成现场施

工人员的伤亡，反而增加了成本支出，并且影响企业的公信力。

（二）成本管理人员素质良莠不齐

工作人员作为成本管理的主体力量，在工作当中具有重要意义，但以现代建设单位的情况来看，一些单位上层领导意识不足，导致成本管理团队的素质良莠不齐，不仅不能正确发挥工作职能，而且还会产生浪费，致使安全成本管理不能得到有效的控制。安全成本管理不仅要求相关工作人员具备过硬的财务专业能力，而且还应当对施工安全的各项环节和防护措施具有充分的了解，这样才能够促进工作不断完善，但目前一些建设单位成本管理工作团队组成复杂，由财务人员兼职处理各项事务，而这些财务人员缺乏相关的安全领域理论知识，在工作当中又疲于应付多方面工作，在成本管理环节难免会存在偏差和失误。此外，一些建设单位内部的成本管理人员综合素养不足，也会导致其工作缺乏灵活性，不仅模式老旧，而且执行力度不足，造成成本管理工作缺乏有效性。

（三）管理制度不完善

完善的管理制度和体系是确保安全成本管理工作良好开展的前提条件，但对目前行业现状进行分析，针对安全成本管理工作所制定的具有针对性的制度和体系并不全面，存在一定的局限性。在管理体系和制度缺乏完整性的情况下，一些施工单位的成本管理工作开展得较为混乱，工作人员权责不够分明，各个部门之间推诿扯皮情况屡有发生，管理制度和体系难以发挥作用，并且还有一些工作人员对自身所承担的责任和义务缺乏清晰认识，将工作视为自身用以谋取私利的主要渠道，在工作当中出现徇私舞弊的情况，致使施工单位内部发生腐败现象，如果不能及早进行改良，则会影响安全成本管理事业的发展。

二、水利工程施工项目安全成本管理优化策略

（一）提高工作意识

安全成本作为水利工程整体成本的重要组成部分，直接影响企业的支出和效益，所以企业应当明确其重要意义，从领导层转变意识，提高对于安全成本管理工作的重视程度，以便于内部管理工作和机制的不断完善和进步。建设单位的领导层应当充分发挥自身的引导作用，正确看待成本管理工作对自身发展所起到的作用，积极与企业内部员工进行沟通，提高成本管理工作地位，促进成本管理部门积极进行优化改良，对原有工作理念激浊扬清，结合时代背景和市场趋势，不断完善成本管理工作模式。由于成本管理工作意识不足的弊病长期存在，所以想要改变现状并不容易，需要企业在实际工作当中不断总结经验、吸取教训，采取从上到下、循序渐进的方式，领导层率先发力，而管理团队积极响应，在工作当中纠正自身态度，明确工作职责，更好地为企业经济发展提供保障。

（二）提高管理团队素养

在革新理念和意识后，需要采取相应的实践方式，提升管理团队的综合素养，通过培训机制和考核制度的建立，严格把控管理团队的整体能力，促进工作开展更加全面化和完善化。建设单位在成本管理人员的选聘工作中，应当提高门槛，不仅需要人才具备相应的职业能力和素养，而且还应当能够明确安全成本的重要性，在工作当中应当切实把安全生产作为核心理念，在确保施工阶段安全成本符合要求的情况下，不断改善工作方式和技术应用，以便提高材料和设备的利用率，减少额外的成本支出。无论是原有还是新进的工作人员，均应当集中进行培训，在培训当中进行考核，通过考核后方能上岗工作。加入奖惩机制，激发工作人员的竞争意识，从而实现其工作主动性和积极性的提高。

（三）全过程成本动态化管理

水利工程建设项目工作周期较长，并且工程当中变量较多，所以在施工当中所进行的管理工作，应当更加趋向于完善化，采用全过程管理的方式，更加能够提高成本管理工作的动态化和实时化，进而提高成本管理工作的精确程度。实行全过程管理，则是需要从水利工程的设计阶段到验收阶段的全过程入手，提高对细节的管理力度，在工程建设项目开展前期，应当根据设计图纸以及有关单位的要求，对与施工相关的材料、设备和工作人员进行统一调配安排，并对现场进行有序的布置，为施工创造良好的环境。对于施工当中的先进技术则应当制定阶段性指导计划，合理安排工作方式，分别对各级施工部门召集会议进行技术交底等工作，协调组织好工程的施工衔接工作。在基础准备工作做好后，在工程的施工期间，管理人员还要负责工程质量、造价、进度控制，安全生产管理，工程变更、索赔及合同争议处理，工程文件资料管理，安全文明施工与环境保护管理等工作。对工程当中的重点环节应当进行控制点的划分，加强施工环节的安全保障力度，并对防护措施和设备定期做好保养工作，以便在意外事故发生时能够真正起到作用。

第五章 水利工程施工现场
危险源管理

第一节 水利工程建设施工现场
危险源管理理论基础

一、事故致因理论

事故致因理论的基本特征（从大量典型已发生过的事故的本质原因出发，分析提取事故机理和事故模型，反映事故发生的规律）决定了它是按照事故发生的规律有的放矢地进行应急管理指导的。

（一）事故的概念及事故特征

在事故的诸多定义中，美国数学家伯克霍夫（George David Birkhoff）的定义为人所熟知。他认为，事故是人（个人或集体）在进行某种有目的的活动过程中，突然发生的违反人的意志的事件，这些事件迫使活动暂时中止或永久性地停止，或迫使之前的状态发生暂时性或永久性的改变。水利工程安全事故是指在生产的过程中，现场环境的变化、不正确的操作等引起了人员的伤亡、经济财产的损失、环境污染等其他形式的严重后果。

水利工程施工事故具有以下特征：

1.随机性

事故发生在何时、何地,其后果难以预测,发生的时间、地点、规模、严重程度等不确定,采取预防措施具有一定的困难。但是在特定的区间内,根据大量的统计资料,能够总结出事故发生的规律,分析事故发生的概率。

2.普遍性

事故在人类的生产和生活过程中是普遍存在的。

3.必然性

在现实的生活中,危险是客观存在的,事故的发生具有必然性。采取各种措施预防事故发生,只能降低发生概率,延长发生的周期,但不能阻止事故的发生。

4.突变性

一个系统事故的发生是一种突变现象。事故发生之前,往往没有预兆,一旦发生,往往令人措手不及。

5.因果相关性

事故的发生不是某一个因素作用的结果,而是系统当中所有因素互相影响、互相作用的结果。

6.潜伏性

事故在没有发生的时候有一个量变过程,各个参数在系统内部慢慢发生变化,但一直隐蔽在系统中。

7.可预防性

事故是客观存在的,但是可以通过有效的控制措施来预防事故的发生或是使事故发生的频率降低。抓住这个特征可以帮助施工管理人员更好地防止事故的发生。

(二)几种常见事故模型理论的内容与发展

生产事故是指企业在生产过程中突然发生的伤害人体、损失财物、影响生产正常进行的意外事件。引发事故的四个基本要素是人的不安全行为、物的不安全状态、环境的不安全条件和管理缺陷。事故发生实际上是事故起因（成因）、事故爆发、事故补救、事故后果等一系列事件发生连锁反应的结果。事故的爆发是由一系列因素造成的，如果能消除或者减少这些因素的影响，就能在一定程度上减少事故的发生。因此，要预防事故的发生，就必须研究事故的成因。事故的发生和发展均有自身的特点和规律，了解事故的发生、发展和形成过程，对于辨识、评价和控制危险源具有重要意义。

只有掌握事故发生的规律，才能有效地防止事故的发生，保证生产系统处于安全状态。因此，用于阐明事故的成因、始末过程和后果的模型就被称为事故模型，事故模型对于人们认识事故的本质，指导事故调查、事故分析、事故预防及事故处理都有着重要的作用。

1.事故频发倾向论

事故频发倾向论和后来修正的事故遭遇倾向论，都把事故原因归咎于人，认为事故的发生与从事工作的"人"密不可分。

2.人为失误论

该理论认为一切事故都是人的失误造成的，该模式的特点在于：对事故的分析、处理和采取的对策都十分强调人的作用。人为失误模型中，目前常用的有两种：以人为失误为主因的模型和以管理失误为主因的模型。

3.事故因果连锁论（又称骨牌论）

美国著名安全工程师海因里希（Herbert William Heinrich）首次提出因果连锁理论，指出事故的发生与"人"的不安全行为和"物"的不安全状态有关，在事故过程中实施干预具有重要的作用，表明这个理论依然是从"人"的角度对事故成因进行分析的。该理论阐述了导致事故发生的各种因素之间的相互关系以及各因素与伤害间的关系，该理论认为伤亡事故的发生不是单独、孤立地存在的，尽管伤害可能在某瞬间突然发生，却是一系列事件共同作用的结果。

该理论包括事故的基本原因、事故的间接原因、事故的直接原因、事故、事故后果五个方面。就好比在多米诺骨牌中，如一颗骨牌被碰倒了，其余的几颗骨牌相继被碰倒，发生了连锁反应。该理论的积极意义是：如果移去中间的任一枚骨牌，则连锁条件被破坏，事故过程就终止。

4.轨迹交叉理论

该理论认为，在一个系统中，物的不安全状态和人的不安全行为的形成过程中，一旦时间和空间的运行轨迹发生交叉，就会造成事故，即事故是人的不安全行为（或失误）和物的不安全状态（或故障）两大因素作用的结果。斯奇巴（R. Skiba）认为通过消除物的不安全状态或人的不安全行为可以避免相互交叉，从而避免事故爆发。这一理论为事故预防指明了方向，对于事故发生原因的调查是一种很好的工具。

5.能量意外释放理论

该理论提出：事故是一种不正常的或不希望的能量释放，各种形式的能量是构成伤害的直接原因。通过对伤亡事故发生原因的调查可以发现，大多数伤亡事故的发生都是因为系统中存在过量的能量，或者是危险物质的意外释放干扰了人体与外界环境正常的能量交换。但是这种理论已经不再单纯地把事故归因于"人"，而是逐渐认识到生产条件和技术设备在安全生产中的潜在危害。

6.两类危险源理论

1995年，该理论由陈宝智教授提出，这是事故致因理论在国内的发展。第一类危险源指系统中固有的、可能产生意外释放的能量或危险物质，这是事故发生的前提，决定事故后果的严重程度。第二类危险源是指导致约束、限制能量的安全措施失效的各种不安全因素。在日常的生产和生活中，利用能量就必须让能量按照人类需求的方式在系统中流动、做功和转换，但能量也不是完全安全的，因此需要采取合理的约束和限制的措施，即必须控制危险源。事实上，并不存在绝对安全的控制措施。在诸多因素的共同作用下，控制能量的限制措施可能不起作用，能量屏蔽措施可能因遭到破坏而导致事故的发生。从系统安全的角度来考虑，第二类危险源包括人、物和环境三个方面。其实，第二类危险源是一些围绕第一类危险源随机发生的现象，是第一类危险源的必要条件，它们出现的情况决定事故发生的可能性，第二类危险源出现得越频繁，发生事故的可能性就越大。

7.系统安全理论

在系统的生命周期内，把引起事故的各种原因看作一个统一的整体，它们之间相互影响，相互作用，影响着事物的发生和发展。在管理过程中，应用系统安全的管理方法，辨识系统内的危险源，并采用适合的方法进行评价，最后根据危险源对系统安全的影响程度采取相应的控制措施和规避方法降低危险性，从而使系统在规定的性能、时间和成本范围内达到最佳的安全程度。安全系统是为解决复杂的系统问题而开发、创立出来的安全理论和方法体系。

系统安全的基本原则就是在一个新系统的初试阶段就要考虑其安全问题，制定安全工作计划并加以执行，并且把系统安全活动贯穿于整个系统的生命周期，直至系统生命终结。目前，越来越多的学者把人、物和环境联系起来，构成一个开放的、非线性的系统。在生产系统中，人是一个重要的构成因素，且人的意识、思想、情感无时无刻不在影响着系统的运行，所以系统的非线性特征使得系统的发展状态具有多样性与复杂性。

此外，还有心理动力理论、社会环境理论等许多理论，都是随着社会的不断进步而发展起来的，丰富了事故致因理论。尤其是近年来，国内的研究人员对事故致因理论进行了广泛的研究，提出了综合论事故模型，模型中的各个因素的共同作用导致了事故的发生：钱新明教授提出了事故致因的突变模型；何学秋教授提出了安全流变与突变理论，对系统运行过程中出现的突发情况进行了合理的解释；田水承教授在两类危险源理论基础之上提出了三类危险源理论，第一类危险源是能量源或者能量载体，第二类危险源包括人的行为失误、物出现故障、不良的环境因素等，第三类危险源是不符合安全管理要求的组织因素（组织程度、组织文化、规则、制度等），同时也包含了组织过程中人的不安全行为、判断失误等。这些研究成果虽然不完美，但较之国外事故致因理论水平已经有了很大提高。

事实证明，安全事故不仅是偶然现象，也有其必然的规律性，事故是众多相关联的事件相互影响作用的结果。产生事故的原因是多层次、多方面的，运用事故致因理论可以揭示导致事故发生的不同原因及其相互之间的联系和影响，透过事故现象看到本质，从表面原因追寻到深层次的原因，直至最后找到本质原因。针对本质而言，事故致因理论的发展和演进与不同历史时代的生产力发展水平是密切相关的。随着人类进入信息发达的现代社会，在控制论、系统论和信息论影响下，事故致因理论研究以主动、超前为特征，已经成为指导企业突发事件应急管理的主导理论。

（三）事故发生机理分析

由上述理论可以得出，事故不是凭空发生的，它的发展过程也不是单独存在的，是系统内危险源、作业过程和控制措施共同作用的结果。因此，可以得出以下结论：

（1）由于一个系统内部危险源之间具有连锁性，所以事故的发生和发展过程实际是作业活动过程中的危险源和不安全事件在安全控制活动的作用下，相互作用、相互促进的结果。

（2）危险源是事故发生的基本条件，但是并不意味着有危险源就一定会有事故发生。若危险源被有效地管理，事故的触发因素处于平衡状态，就不会引起事故的发生；而如果对危险源的管理没有按照施工方案进行，没有对辨识出的危险源进行预期的管理，就可能使危险源进入不安全状态，引起安全事故。当然，即使危险源没有得到应有的管理，但如果对系统的影响不大，那么可能也不会产生事故。

（3）危险源、不安全事件和事故发生共同构成事故发展过程的三个阶段，三者相互依存并存在于施工作业系统中。

（四）施工现场事故发生的诱因及控制方法

事故的发生是由事故的 4M 要素引起的，4M 要素包括人（man）的不安全行为、物（machine）的不安全状态、不良的人机交互环境（medium）和较差的管理（management），只有采取有效措施，消除潜在的危险因素，才能避免事故的发生。

1.人的不安全行为

在施工过程中，人是作业过程的能动主体，同时也是事故的受害者，所以需要在施工过程中加强对人的不安全行为的管理。人的不安全行为可以导致物的不安全状态、不良的环境或管理上的纰漏。具体如下：

（1）情绪原因。包括因生活的烦琐和工作的不公平待遇等引起的作业人员缺乏积极向上的工作热情，如怠慢、抵触、不满等消极情绪。针对这种情况，在安全生产管理中应特别注重对作业人员的宣传教育和人文关怀，引导其在施工过程中控制自己的情绪，做到顺境中乐而自持、逆境中永不言败。

（2）教育原因。包括缺乏基本的文化知识和基础的认知能力，缺乏安全生产的知识和必要的安全生产技术和技能等。所以，在生产管理过程中，需要加强对作业人员普及基础的安全生产知识，强调安全生产过程、技艺的重要性，强调正确佩戴安全防护用具、规范操作机械的必要性。利用纪律的约束，要求作业人员严格按照操作规程进行操作，杜绝违章操作。对安全生产的人通过评先进等方法进行表彰奖励，对违章的人通过通报批评等方法进行惩罚，做到公平、公正、公开，提高作业人员安全生产的积极性。

（3）管理原因。包括企业领导者对安全不够重视，组织结构、人员配置和上岗培训体制存在漏洞和缺陷，安全规章制度不健全，安全操作规章缺失或执行不彻底等。这就要求，在施工过程中，项目部必须依法加强对施工安全的管理，执行安全生产责任制，防止伤亡和其他安全生产事故的发生。建立健全安全生产管理体系，根据工作人员岗位性质的划分和职责的不同分别划分安全管理的权力。在对安全生产管理人员进行分配时，应充分考虑每个人适合的控制跨度，以确保每个安全管理人员都有足够的时间和充沛的精力对作业过程进行必要的和有效的监督。

2.物的不安全状态

（1）机械原因。使机械处于不安全状态，不仅包括人的不安全操作导致的物的不安全状态，还包括物体本身具有的潜在破坏性和危险性以及机械设计或运行时本身具有的缺陷。保障机械安全，就需要在发生人为失误或设备故障时，能及时停止运行设备，确保人员不受伤害和设备的正常运行。在进行施工组织设计、施工工序的安排，新设备、新材料的推广应用时，应根据施工现场特有的情况和设备特有的性能进行合理的安排，采取合理的方案、有效的措施，正确判断物的具体不安全状态，预测不安全状态的发展趋势，并控制其发展，保持物的性能处于最佳状态。

（2）安全防护装置原因。有些施工现场根本不设置安全防护设施，或防护装置不合乎安全防护的相关规范，或是防护装置已经起不到保护人机安全的作用了。安全防护装置的作用是降低机械设备在出现故障时人员伤害或设备损毁发生的概率，能直接或间接保障人员和设备的安全。即使发生了事故，安全防护装置的存在也可以降低人身伤害的程度或是减少财产损失，这就要求一定要加强安全防护设施的维护。

（3）施工设备的管理。事故的发生归根到底是因为管理的失误，所以严格的管理能够保证安全生产。机械、配件、安全防护用具等设施设备在采购、租赁的过程中必须严格检查相关的许可证、合格证等证件。所有设备设施必须在场前进行验收，合格后才能进入施工现场进行相关的生产活动。进场后从事生产活动的设施设备，必须设置专人进行管理并建立相应的设备资料档案，定期进行全面检查、维修，随时按照国家有关的规定及时进行设备更新或报废。

3.不良的环境因素

（1）施工平面布置。施工场所是开展所有施工活动的场所，是一个人机交互的环境，不良的环境影响施工的进度，导致工序之间的交叉。不合理的平面布置影响施工的正常进行，导致施工工期延长和投资的增加。在保证施工顺利进行的前提下，应尽量减少临时设施的搭建，应尽可能利用原有建筑物，将其作为临时设施，方便工人生产和生活。

（2）施工现场功能区划分。功能区划分是保证施工作业、工人生活、安全生产顺利进行的基本条件。如果办公生活区和作业区有交叉，容易发生危险，造成安全隐患。根据安全生产的要求，在坠落物坠落半径之内严禁设置办公生活区，并在危险区域设置防护措施和隔离措施，以免人员误入。功能区的布置还应将水、电、卫生、消防等因素一并考虑在内。在生活区内设置生产人员必需的生活基础设施和保障设施。

4.较差的管理因素

大量的安全事故表明，人的不安全行为、物的不安全状态以及恶劣的环境状态，往往只是事故直接和表面的原因，通过深入分析可以发现发生事故的根源在于管理的缺陷。国际上很多知名学者都支持这一说法，其中最具有代表性的就是美国学者 Petersen 的观点，他认为造成安全事故的原因是多方面的，根本原因在于管理系统，包括管理的规章制度、管理的程序、监督的有效性等。英国卫生与安全执行局的统计表明，工作场所中 70%的致命事故是管理失控造成的。上海市历年重大伤亡事故抽样分析表明，92%的事故是由管理混乱或管理不善引起的。

常见的管理缺陷有制度不健全、责任不分明、有法不依、违章指挥、安全教育不够、处罚不严、安全技术措施不全面、安全检查不够等。

人的不安全行为和物的不安全状态可以通过适当的管理控制予以消除或把影响程度降到最低。环境因素的影响是不可避免的，但是，通过适当的管理行为，选择适当的措施也可以把影响程度减到最低。人的不安全行为可以通过安全教育、安全生产责任制以及安全奖罚机制等管理措施减少甚至杜绝。物的不安全状态可以通过提高安全生产的科技含量、建立完善的设备保养制度、推行文明施工和安全达标等管理活动予以控制。对作业现场加强安全检查，就可以发现并制止人的不安全行为和物的不安全状态，从而避免事故的发生。

（五）施工现场事故的类型

施工现场的事故分为不同的类型，可按经济损失程度、事故严重程度和伤亡事故原因进行分类。

1.按经济损失程度分类

参考《企业职工伤亡事故分类标准》（GB/T6441-1986），按照一次事故造成的经济损失额（包括直接经济损失和间接经济损失），可对事故进行如下分类：

①一般损失事故：指经济损失小于 1 万元的事故；②较大损失事故：指经济损失大于 1 万元（含 1 万元）小于 10 万元的事故；③重大损失事故：指经济损失大于 10 万元（含 10 万元）小于 100 万元的事故；④特大损失事故：指经济损失大于 100 万元（含 100 万元）的事故。

2.按事故严重程度分类

根据《企业职工伤亡事故分类标准》（GB/T6441-1986），按照事故严重程度分类，分为轻伤事故、重伤事故、死亡事故。

①轻伤事故：只有轻伤的事故称为轻伤事故。轻伤指损失工作日低于 105 日的失能伤害；②重伤事故：有重伤无死亡的事故称为重伤事故。重伤，指相当于表定损失工作日等于和超过 105 日的失能伤害；③死亡事故：a.重大伤亡事故，指一次事故死亡 1～2 人的事故；b.特大伤亡事故，指一次事故死亡 3 人以上的事故。

3.按伤亡事故类型分类

依照《企业职工伤亡事故分类标准》（GB/T6441-1986），按照直接致使职工受到伤害的原因，将伤害方式分为 20 类，分别为：物体打击、车辆伤害、机械伤害、起重伤害、触电、淹溺、灼烫、火灾、高处坠落、坍塌、冒顶片帮、透水、放炮、瓦斯爆炸、火药爆炸、锅炉爆炸、受压容器爆炸、其他爆炸、中毒和窒息、其他伤害。

二、安全生产管理的 PDCA 循环

（一）PDCA 循环的概念

PDCA 循环是由美国质量统计控制之父休哈特（Walter A. Shewhart）提出的 PDS（Plan Do See）演化而来的，由美国质量专家戴明（William Edwards Deming）改进成为 PDCA 循环，又称"戴明循环"。于 20 世纪 70 年代后期传入中国后，开始用于质量管理，现在已经广泛应用于各个行业的质量管理和计划管理，并逐步推广到职业健康安全管理中。

PDCA 是计划（Plan）、实施（Do）、检查（Check）、处理（Action）英文首字母的组合，其应用到施工现场安全管理中的基本原理是：制定某段时间安全管理的计划；针对既定的计划进行具体的操作；根据实施的结果进行检查；对检查结果进行处理，对好的经验进行推广，对失败的教训进行总结，将发现的问题和出现的新问题放到下一个 PDCA 循环里进行解决。

（二）PDCA 循环的内容以及步骤

一般情况下，一个完整的 PDCA 循环要经历 4 个阶段、8 个步骤。

第一阶段：计划阶段。

这一阶段的主要工作包括危险源的辨识、评价、找出危险源存在的原因、根据具体的原因制定相应的对策。具体步骤如下：

1.根据安全施工"安全第一、预防为主、综合治理"的方针，现有安全生产法律法规以及企业安全生产与管理的现状，通过现场安全检查确定不安全因素，应用危险源辨识的方法对某一具体施工工序中的不安全因素进行具体的分

类，确定危险源，这样的分类辨识方法便于危险源的动态管理。

2.对辨识出来的危险源进行具体分析，分析各施工工序危险源产生的原因。

3.找出影响安全的主要因素。企业可以根据现有施工情况制定可接受风险标准，并确定企业各管理阶层的管理目标和职责，将风险超过不能接受范围的危险因素作为主要控制对象。

4.将规定的计划任务，具体落实到各相关人员身上，严格按照标准贯彻执行。

第二阶段：实施阶段。

5.按照制定的安全计划和措施，组织人员进行实施，在管理活动进行过程中严格地执行。

第三阶段：检查阶段。

6.在安全管理工作进行到某一阶段时，根据所制定的安全措施计划，检查实际执行的效果是否达到预期的目的并比较与标准之间的偏差。如果偏差严重，必须及时制定纠正措施，若有必要，可以对原来的检查标准进行适当的修改，保证安全措施有效地执行。

第四阶段：处理阶段。

7.总结经验，包括成功的经验以及失败的教训。根据检查的结果对安全管理的过程进行归纳总结，总结归纳成功的经验，并将其纳入有关的规章和制度，作为下一个PDCA循环的标准；总结整理失败的教训，将其记录在案，作为前车之鉴，防止以后同样的情况再次发生。

8.尚未解决的问题，进入下一个PDCA循环，或是在循环进行过程中发现的新问题，也一并进入下一个循环，作为下一个循环需要解决的问题。

（三）PDCA循环的特点

PDCA循环给安全生产工作提供了一种系统化、条理化和科学化的管理工具，它的特点如下：

1.大环套小环，小环保大环，推动大循环

PDCA 循环适用于整个工程项目、各分部工程、各分项工程以及各施工工序，适用于整个企业、各科室以及各班组。各施工工序根据具体的施工工艺有安全管理的 PDCA 循环，它包含于分项工程的 PDCA 循环中，分项工程又存在于分部工程的循环中，每层分别循环，但是在每层大的循环里又套着小的循环。各个循环的目标是一致的，均围绕着企业的安全管理目标展开，将安全生产作为总体要求，通过循环把企业部门以及工程各工序联系在一起，形成统一的整体。

2.不间断进行

PDCA 循环的四个过程不是一次结束了就意味着完结，而是连续不间断地进行的。一个循环的结束，只是解决了部分问题，尚未解决的问题或是出现的新问题，放到下一个循环进行解决。

3.门路式上升

PDCA 循环不是同一个水平上的循环，是螺旋式上升的，类似于爬楼梯。循环一次，发现一部分危险源，并进行解决，使安全管理水平有所提高，并进行总结提出新目标。在上一个循环的基础上，针对上个循环没有解决的问题或出现的新问题进行下一个循环，使管理水平得到进一步提升。

（四）安全生产管理体系的 PDCA 循环

PDCA 循环适用于各个行业，将循环应用到安全生产管理中，使安全生产水平得到逐步提高，最终实现企业的整体安全管理。PDCA 循环以风险管理的过程为核心，是整个系统实现"持续改进"和"预防为主"的关键。通过危险源的辨识确定危险源对安全的影响程度，从而确定风险的不可接受程度。同时，根据约定的辨识周期或时间段，及时发现工作中未确定的危害因素或新的危险源，补充或者改进现有的政策。企业各部门和项目部都应该以保证上级风险在可控制范围内为原则，根据各自的管理职责和现有管理水平，将本部门工作中

的危险情况进行细化，然后对其危险程度进行评价，根据不可接受程度，制定管理措施，保证下一个阶段的顺利进行。

在对危险源进行评价时，没有完全定量的评价方法，只能提供一种定量和定性相结合的评价手段，所以评价的结果往往带有一定的个人主观性，与个人的经验、阅历和安全知识的水平有很大的关系。若是上下级在进行 PDCA 循环过程中对辨识的危险源有不一致的认识，可能会导致危险源不能很好地分解，得不到有效的控制，这就需要加强公司上级与下级之间的沟通。领导者应该参与危险因素的分析与保证措施的制定，并与下属讨论风险控制措施的可行性及有效性，达成一致的共识，以文件的形式通知相关方，期望得到相关的配合。上级领导应及时就组织内部出现的管理偏差进行指导，保证措施的顺利执行和工程的安全进行。

在施工现场，安全事故具有偶然性和随机性，施工现场安全评价的手段只能对施工现场的状态进行一定的评价，缺乏事故发生的预见性，不能预测和判断下阶段的发展趋势和变化情况，所以要加强 PDCA 的管理模式，制定合理的预防措施和应急管理方案，以不变应万变。

第二节　水利工程建设施工现场
危险源辨识

一、危险源的概念、分类及组成要素

（一）危险源的定义

2020 年实施的国家标准《职业健康安全管理体系要求及使用指南》
（GB/T45001-2020）对危险源的解释为：危险源可包括可能导致伤害或危险状态的来源，或可能因暴露而导致伤害和健康损害的环境。由此可以得出，对危险源的定义，只涉及了与职业健康安全管理相关的部分不安全因素，并没有全面反映整个施工现场的危险源的特征。到目前为止，还没有形成关于危险源定义的确切的理论，还没有一种权威的说法。

水利工程施工现场复杂而多变，施工现场的危险源是导致安全事故发生的根源，它具有潜在的能量或危险物质，在一定的条件下，能量的爆发或是危险物质的释放，都会导致事故的发生，造成人员伤害、经济损失或工作环境的改变。危险源是导致安全事故的主要原因，所以对施工现场危险源的辨识、评价以及控制，就成为施工现场安全管理的重点内容。

（二）施工现场常见的危险源及不同标准的分类

水利工程施工系统纷繁复杂，危险源的种类多，而且形式多样。根据不同的划分标准对危险源进行分类，有利于不同种类危险源的辨识以及评价方法的确定，使危险源的管理越来越清晰。目前，对危险源的种类的划分有不同的标准，不同的标准产生的结果也不尽相同。本节主要介绍下面三种分类方法：

1.按照安全事故类型分类

根据《企业职工伤亡事故分类标准》（GB/T6441-1986），按照导致职工受到伤害的原因，综合考虑致因物、诱导原因等方面的特点，将危险源分成 20 种。

2.按照导致伤亡事故和职业危害的直接原因分类

根据《生产过程危险和有害因素分类与代码》（GB/T13861-2022）的规定，按可能导致生产过程中危险和有害因素的性质进行分类，将生产过程中的危险和有害因素分为 4 个大类，分别是"人的因素""物的因素""环境因素""管理因素"。

3.按照危险源在事故过程中的作用划分

20 世纪 90 年代初，陈宝智教授提出了两类危险源的原理，阐述了两类危险源共同作用于一起事故的发生以及发展的过程，这是对能量意外释放理论的发展。

（1）第一类危险源

干扰人体和外界进行正常能量交换的危险物质的存在和能量的意外释放是产生危害的最根本原因，通常把危险物质和因发生意外而释放的能量（能量源或能量载体）称为第一类危险源。它是伴随着施工过程而必然存在的各种物质和能量载体，是事物运行的动力，是不可以避免的，如电能、热能、机械能、爆炸物品、放射性物品等，所以又称为固有危险源。一般来说，系统具有的能量越大，存在的危险物质越多，发生危险的可能性就越大。

第一类危险源的存在是事故发生的前提，是导致事故发生的能量主体，没有第一类危险源就谈不上能量的意外释放，也就无所谓事故，第一类危险源决定事故后果的严重程度。常见的第一类危险源有：生产、供能的装置、设备，使物体或人体具有较高势能的装置、设备、场所，能量的载体，危险物质（如各种有害、有毒、易燃易爆的物品），加工、储藏和运输危险物质的仓库、厂房和设备，等等。

（2）第二类危险源

造成约束失效、限制能量和危险物质失控的各种不安全因素称作第二类危险源，又称失效危险源。第二类危险源的出现是安全事故发生的必要条件。如果第一类危险源中的危险物质和隐藏的能量能得到很好的控制或是仍在可以接受的范围内，就不会发生事故。事故发生时，第二类危险源释放出的能量决定事故发生可能性的大小，事故的发生往往是两类危险源共同作用的结果，两类危险源共同决定危险的大小和事物的发展方向。

第二类危险源包括人的失误、物的故障和不良的人机交互环境。人的失误主要指人的操作偏离了预定的标准，产生了不安全因素；物的故障是指机械自身的故障、本身的不安全设计和安全防护设施的设置失误等；不良的环境指不利于施工的自然环境和施工现场环境以及不健康的生活环境。

（三）危险源的组成要素

1.潜在危险性

潜在危险性是指事故带来的后果的危害程度或者损失大小，或是危险源可能释放的危险物质的量或能量强度。潜在的危险性可以用释放的危险物质量的大小或是能量强度的高低来衡量，反应越强烈，潜在的危险性越大。危险源的这一要素决定了所能造成的事故的严重程度。

2.存在条件

危险源的存在条件指危险源所处的物理、化学和约束条件状态。包括材料的储存条件、物体的理化性能、设备的完好程度及相应的防护条件、工人的操作熟练程度、安全管理人员的管理水平及管理条件。

3.触发因素

触发因素是指引发危险源产生安全事故的因素。在触发因素的影响下，危险源转变成危险状态，导致了安全事故的发生。主要包括人为因素、管理因素和自然因素。它虽然不是危险源的固有属性，但是它是危险源转化为事故的诱导因素，对于每一类危险源来说，触发因素都不尽相同：对于夜间作业，照明不到位或是天气不好可能成为触发因素；对于高处作业，吊装装置不合格也可能成为触发因素。

二、施工现场危险源辨识概述

（一）危险源识别的概念

识别危险源的工作主要包括识别危险源的来源、确定危险源发生的条件、描述危险源的特征以及确定危险源的影响程度。辨识危险源将可能给施工安全带来隐患的因素识别出来，并为危险源的管理奠定了基础，为应对措施的建立提供了参考。

（二）危险源辨识的特点

危险源的辨识是危险源管理的基础工作和首要任务，也是最重要的步骤。只有在施工过程中甄别出危险因素，才能进行危险源的评价、应对措施的确定和危险源的监控。危险源识别有其自身的特点，掌握了这些特点，对于全面、完整地识别危险源能起到很好的指导作用。

1.全员参与性

施工过程中危险因素的识别不仅是项目经理或是安全管理人员的工作，而是所有施工人员都应该参与、共同完成的工作。因为项目组每个成员的工作均会有风险，且他们各自都有工作经验和风险管理经历，对防范风险有积极作用。

2.全周期性

施工风险存在于施工的每一个步骤、每一个阶段，这一特点决定了施工危险源识别的全周期性，即施工项目全过程中的危险都属于识别的范围。

3.动态性

危险源识别并不是一次性的，在施工开始前、施工过程中甚至收尾阶段都要进行风险识别。根据不断变化的内部条件、外部环境和施工范围的变化情况，适时、定期进行风险识别是非常有必要而且是重要的。因此，在施工开始前、施工过程中，在主要的施工工序或是施工工艺发生变更前都要进行危险源的有效辨识，要将危险源识别贯穿施工全过程。

4.信息性

在危险源辨识之前需要做许多基础性的工作，其中相关信息搜集工作是很重要的一项内容。信息的全面性、及时性、动态性和准确性决定了项目危险源辨识工作的质量和结果的准确性和精确性，识别工作具有信息依赖性。

5.综合性

危险源识别是一项综合性较强的工作，人员参与、信息收集都具有综合性，识别的工具和方法也具有综合性，即在识别过程中注意多种技术和工具的联合使用。

（三）危险源辨识原则

1.科学性

对危险因素的辨识是指分辨、识别和分析确定系统内存在的危险源，这是对事故进行预测的一种方式。在进行危险源的辨别时要有科学的安全理论、方法和手段，通过我们的工作，能真正揭示系统的安全状态，危险源或是有害因素的存在方式和存在部位，事故发生的原因、机理以及事故的变化规律，并予以准确描述、表示，以定性、定量的概念予以解释。

2.系统性

危险源存在于生产的每个方面、每个时刻，因此要对系统内的危险源进行全面、详细、系统的分类，研究各系统之间的相关关系，每个系统内的子系统之间的相互约束和制约关系，分清楚主要危险因素、次要危险因素，并确定危险性的大小。

3.全面性

既要辨识出施工过程中基本施工工序、施工工艺和施工技术中的危险源，也要对每个工程中特有的危险源进行识别，考虑其特有的危险性。全面辨识其所有的危险性，不要发生遗漏，以免留下隐患，影响工程施工的顺利进行。

4.预测性

对于危险源的辨识，不仅要注重危险性大小的辨识，还要了解危险因素的触发条件以及危害的发展趋势，为以后危险源的辨识及预防提供资料和借鉴。

（四）危险源的辨识过程

施工现场危险源的识别是危险源管理的第一步，而危险源的识别过程一般可分五步走：辨识系统的确定、危险源辨识、分析危险源的存在条件、分析危险源的触发因素、事故分析。在识别工作开始之前，要注意搜集相关方面的资料、做相关的工作，保证辨识的全面性和准确性。

1.工程相关资料。如施工项目的可行性研究报告、初设报告、施工图以及各类验收文件以及危险整改方案等。

2.施工安全标准和相关法律文件。与本项目有关的设计、施工规范，安全检查标准，与设计和施工有关的法律法规、行业规定、管理制度等。

3.与本项目类似的案例。借鉴过去类似项目的经验和教训，以此来辨识可能对现在的项目产生影响的危险源。

4.采访项目参与者。向曾经参加过类似项目的安全管理人员或是项目经理进行咨询，得到第一手的资料。

第一步，辨识系统的确定。水利工程的施工现场单项工程比较多，每个工程都有自己的特点，用途不同，设计等级不同，导致施工作业的方法、工艺和过程也不尽相同。在进行工程布置的设计时，要从整体上进行考虑，使有限的空间得到最高效的利用，并保证工程的安全。同样地，在对建设工程现场危险源进行辨识时，也要有系统的观点，将整个的工程项目作为一个系统，这个系统就是危险源辨识的对象，是总系统。如果选取的系统过大，会浪费人力、物力，还会造成不必要的困扰；若选取的系统过小，会造成遗漏，得不到全面的分析。为了保证正确、全面地辨识危险源，应通过系统分析的方法，对整个施工现场进行危险源辨识。不同的系统，其子系统也各不相同，比如，可以根据工程各个建筑物布置的不同进行分类，可以根据安全措施的重要性来分类，也可以根据作业环境的不同来进行分类。总之，分类的方法很多，最重要的还是辨识的全面性和准确性。

第二步，危险源辨识。在确定了辨识系统并分类后，便开始危险源的辨识工作。危险源的辨识工作可以分两步进行，一是危险源的初始辨识，根据划分的系统分类，分别确定不同的子系统的主要危险源有哪些；二是危险源的二次辨识，在初始辨识的基础上，进行进一步细致的辨识，得到引起事故的危险源，为正确评价危险源的危险性奠定基础。

第三步，分析危险源的存在条件。第一类危险源的存在，是事故发生的根本原因，所以要分析危险源存在的条件，主要还是得分析第一类危险源。第一类危险源是固有危险源，是不可能消除的，只能通过采取措施维持安全状态。

第四步，分析危险源的触发因素。危险源的触发因素是引发事故的直接原因，危险源积累到一定程度以后，会引起事故的爆发。根据大量的案例分析可以得到，触发因素往往是第二类危险源，第二类危险源归根到底还是管理的原因，所以要加强施工过程的安全管理，约束人的行为，保证物的正常运转，减少触发因素，保证安全。

第五步，事故分析。对得到的危险源的危险性进行简单预测：可能导致多少损失或造成多大的伤亡，从而确定危险源的危险等级。

辨识危险源时需要注意以下两点问题：

第一，在对危险源进行识别时，要考虑三种时态、三种状态、三个所有。

三种时态：过去、现在、将来。

①过去。过去的作业活动过程中发生过的各种安全事故给人们留下了惨痛的教训，每次事故发生后，都会有相应的事故调查、原因分析和预防对策。所以，在进行危险源辨识之前，可通过安监部门、网络、企业等多种途径得到以前的事故记录，明确施工现场的施工隐患，将其列入不安全状态，充分辨识危险。②现在。现阶段的作业活动、管理状态和设备的运转情况的安全控制状况。③将来。设计变更导致施工过程发生变化，机械或设备更新、报废等产生的未知的危险因素。

三种状态：正常、异常、紧急情况。

①正常。施工活动按要求正常进行、设备正常运转或是在可以控制的范围内正常工作的状态。②异常。作业活动或设备等周期性或临时性工作的状态，不是活动或机械的常态。比如设备的停止、检修等状态。③紧急情况。在汛期发生的洪涝灾害、火灾、交通事故等突发性事件。

安监部门的人身伤亡事故统计报告显示，在非常规作业时发生的安全事故占有很大的比例。因此，注重非常规作业，辨识非常规作业时的危险源的类型，并有针对性地采取预防措施，也是避免安全事故发生的途径之一。非常规作业指正常工作状态以外的异常或紧急作业情况，比较典型的有故障维修和定期保养等作业。非常规作业工作的不确定性和不连续性是其与常规作业最大的不同之处。例如，在故障维修过程中，辨识出"有无防止设备误启动的锁闭装置"这一危险源，对维修人员起到了很好的保护作用。

三个所有：所有人员、所有活动、所有设施。

①所有人员。包括项目经理、现场安全管理人员和施工现场的操作人员等，尤其是交叉作业或是进行新的工序时，对工人做好技术交底，保证人身安全。②所有活动。包括施工前的准备工作、施工过程中的作业活动以及施工完成后的整理工作，所有的活动都需要按照安全技术操作规程按步骤、保质保量地完成，确保工程的顺利进行。③所有设施。在施工开始前对所有的机械设备、电气设施等进行安全检查，保证顺畅运行；在施工工期进行时，定期对设施和设

备进行检修，对于磨损或已经损坏的部件进行及时更换。

第二，识别危险源时要注意那些典型的、罕见的危害类型。

①机械危害。加速、减速、活动零件、旋转零件、弹性零件、角形部件、机械活动性、稳定性等。②电气危险。静电、短路等现象。③热危险。热辐射、火焰、具有热能的物体或材料等。④噪声危险。气穴现象、气体啸声、气体高速泄漏等。⑤振动危险。设备的振动、机器的移动、运动部件偏离轴心、刮擦表面等。⑥辐射危险。低频率和无线频率电磁辐射、光学辐射等。⑦与人类工效学有关的危险。出入口、指示器的位置，控制设备的操作，照明等；不适宜的作业方式、不规律的作息时间等引起的人体过度疲劳危害。⑧与机器使用环境有关的危险。雨、雪、风、沙尘、潮湿、粉尘等。⑨综合危险。重复的劳动、费力、高温环境等。

（五）危险源的辨别方法

对于水利工程施工现场存在的危险源，要以预防为指导、以安全为核心、以排查为重点、以整改为措施，进行科学辨识，做好分门别类，分清风险等级，制定具体清单，加强现场管理，将危险源可能引发的风险降至最低。常见的危险源辨别方式有直接辨别判定法、安全检查表排查法和危险预判分析法等。

1.直接辨别判定法

直接辨别判定法主要根据危险源产生的源头、类型、状态（可分为正常、异常与紧急）进行现场判定，充分运用自身具备的专业知识，结合与现场施工工作人员的沟通交流来判定。

2.安全检查表排查法

安全检查表排查法主要是对现场的文字资料、信息和数据进行检查，重点是对于时态（过去、现在和未来）的判定，以此作为发现和分析危险源的有效途径。

3.危险预判分析法

危险预判分析法主要是通过现场查看，对可能存在的危险因素进行判定。如消防器材过期存在的火灾隐患、供电线路老化可能导致的漏电等。

第三节 水利工程施工现场
危险源防控

一、概述

（一）水利工程施工现场危险源识别的具体分析

对水利工程施工现场的工作人员来说，危险源具有巨大的潜在威胁，尤其是在受到某一特定因素的影响之后，危险源会给工作人员带来巨大的财产损失。对于水利工程来说，危险源主要指现场的设备及装置、元器部件等发生了故障，或者是它们处于一种不安全的状态。除此之外，工作人员对设备操作的熟练程度、以往经验、管理水平，施工现场的具体环境、安全管理机制、设备性能等，都有可能诱发安全事故。如炸药库和油库的货物运输及存储、载人设备和起重吊笼的磨损、施工过程中的不可抗力因素、施工现场搭建的临时生活区安全管理等。

（二）水利工程施工现场危险源识别模型建构

首先，模型的构建要遵循许多原则。先对可能存在的危险进行系统分类，同一系统中还有不同的子系统，子系统中的危险源分类也是不容忽视的。然后在初步识别危险源的基础上还需要进行二次辨识，对潜在的危险源进行进一步的识别。其次，构建危险源识别模型也是一项重要任务，工作人员要根据危险源的分类和水利工程团队的特点选择合适的辨识方法。

二、水利工程危险源识别工作中存在的问题

（一）相关机制和基础设施不够健全

首先，危险源识别工作是日常安全管理和养护工作中的重要环节，而想要落实对水利工程的安全管理和养护工作，建设健全的机制、配备质量过关的基础设施是最起码的要求，但是当下很多水利工程团队都达不到这一基础要求。若是基础设施不完善，则会影响危险源识别工作的效率。若是基础设施质量不过关，那更会严重影响危险源识别的效果。其次，只有基础的设施是远远不够的，想要这些设施能够真正发挥出它们各自的作用，还需要工程团队拿出健全的安全管理和养护机制。但是，许多水利工程团队对相关机制是否健全不够重视，最明显的一点就是对任务和责任的划分不够清晰明确，当危险源识别过程中出现问题时，大家往往会"踢皮球"，很难找到真正应该担负责任的那个人。除此之外，危险源识别后的补救措施不够及时，这一现象也十分常见，这是当下严重影响水利工程安全管理的一个重大问题，它主要表现在对老化设备和故障设备的维修不及时，明明一些设备的很多地方都已经出现老化、渗漏和堵塞等现象，相关部门却还拿不出好的解决方案，甚至找不到出现问题的真正原因，这对水利工程的发展是十分不利的。

（二）缺乏先进的危险源识别技术

在对危险源进行类别划分之后，关键的工作就是对其进行识别。而对水利

工程施工现场的危险源进行识别，只有制度和设备是不行的，最核心的是要有技术。但是，现在很多水利工程团队就是缺乏先进的技术，导致在危险源识别工作中存在识别不准确或者是不全面的问题。

三、水利工程施工现场危险源的防控对策

（一）在水利工程施工过程中树立风险意识

要想整个水利工程的危险源识别工作能够落到实处，首先就要树立起对水利工程进行日常管理和养护的风险意识，因为只有树立起了意识，后续的危险源识别工作才能够更好地落到实处。其中风险意识是最紧要的，要注意周边环境、当地气候温度、自然灾害、人为活动等给水利工程带来的风险。还要有考察意识，在确保将外在因素对水利工程的危害降到最低的前提下，再开展一系列的安全保障活动。其次，除了思想上重视，水利工程团队还要有意识地加强对危险源的整合与应对。许多水利工程团队已经将安全管理和危险源识别作为核心内容，并且增强了团队对危险的应对能力。在识别到危险源时，工作人员要能够对其进行控制或者是转移。这样一来，能够有效地减少团队的损失，在一定程度上保证工程的整体收益。

（二）完善安全管理体系和养护机制

鉴于水利工程的养护机制不健全这一现状，相关部门接下来要做的就是学习先进水利工程团队的经营模式，完善整个水利工程的安全管理体系，在了解危险源识别问题的基础上健全养护机制。要敢于创新，建立合适的规章制度，使得整个团队的危险源识别效率更高。当然，安全管理制度和养护机制的建立并不是一件容易的事，需要相关人员从专业的角度出发，结合现实中的各种危险因素去制定。所以说，并没有放之四海而皆准的安全管理和养护制度，也没有固定不变

的危险源识别方法，每个水利工程团队的安全管理制度都应根据实际情况而定。

（三）提高相关安全管理人员的专业素养

工作人员的素养对整个水利工程的安全管理和养护工作起着不可替代的作用，尤其是工作人员要具备基本的专业素养，在危险源识别工作中能够熟知各种操作，这是最低要求。首先，要对工作人员定期进行相关的培训。培训的内容应该是全面的，比如危险源识别技术、相关设备的操作、先进理念的辨别等都是相关人员需要不断学习的。此外，奖惩机制也是激励工作人员努力工作、热情投入的一个十分重要的因素，完善的机制还能使不同部门工作人员之间的配合更加默契。其次，水利工程团队要有意识地壮大人才队伍，引进年轻的精英人才。所以，工程团队就要在一定程度上提高招聘门槛，考察应聘人才的各方面素质。最后，工作人员要具备相关的法律知识。一个合格的水利工程工作人员不仅要专业技术过硬，还需要知法懂法。在识别危险源的工作中，所使用的技术手段不仅要合理，还要合法，这样才能保证整个的水利工程安全管理和养护工作更加有效率、有保障。

（四）引进先进的危险源识别技术

水利工程中想要进行危险源识别，只有制度和设备是远远不够的，往往那些拥有先进危险源识别技术的团队才能在工程的建设与发展中抢占先机。许多水利工程团队大力从国外引进先进的危险源识别技术，这是十分值得肯定与借鉴的。引进国外的危险源识别技术主要有两条途径，一是派遣相关工作人员去海外进行培训与学习，二是从国外聘请水利工程方面的专家。需要注意的是，无论是哪一条途径都需要投入较大的成本，水利工程团队在进行选择之前需要对成本进行计算和控制。引进什么样的技术，需要水利工程团队根据自己团队的发展进程、团队特点、成本预算，以及工程所在地的自然环境特点和社会环境特点来决定。

（五）细化工作内容

首先，在进行危险源识别之前，工作人员要先对施工地进行详细的勘查。重点是分析所在地的优缺点，尤其是其地形和地质条件产生的促进和阻碍作用。其次，在具体的识别过程中，工作人员要合理规划好施工所在地的位置以及各枢纽的相关布置工作。如果某一个施工环节已经圆满完成，施工人员就要及时对下一工作环节进行危险源识别。最后，除了施工所在地的地形特点，各流域的供水情况及特点也是施工人员需要详细了解的内容，不同流域的危险源是不同的。

水利工程团队肩负着重要的责任，只有后方水利工程的安全性得到保障，前方的工农业发展才可以更加顺利。但是，面对现在水利工程安全管理中存在的问题，加强危险源识别与防控已经刻不容缓。水利工程团队若想保证工程质量，就需要在危险源识别的技术、设备、制度、意识以及工作人员素养等方面下功夫，及时解决威胁水利工程安全的各种问题。对于水利工程的危险源识别工作来说，缺少哪一个因素，水利工程都不能得到平衡稳定的发展。

第六章　基于 OHSMS 的
水利工程施工安全管理模式研究

第一节　职业健康安全管理体系概述

一、OHSMS 产生的背景

OHSMS（Occupational Health and Safety Management Systems，职业健康安全管理体系）是 20 世纪 80 年代后期在国际上兴起的现代安全生产管理模式，也是目前为止最先进的安全管理模式。它与 ISO9000 质量保证体系和 ISO14000 环境管理体系一并称为"后工业化时代的管理方法"，富有时代特征，是经济发展的产物。

OHSMS 产生的两个主要背景原因之一是企业自身发展的需要。随着企业规模扩大和生产集约化程度的提高，对企业的质量管理和经营模式提出更高的要求，使企业不得不采用现代化的管理模式使包括安全生产管理在内的所有生产经营活动科学化、标准化、法律化。首先在一些像杜邦、飞利浦这样的大公司开始运行这种模式，逐步被其他公司运用并扩展到整个行业乃至整个社会，最后形成标准。在全球经济一体化的发展趋势下，职业健康安全管理体系逐步被一些跨国公司引用，并最终得到比较完善的发展。到 20 世纪 90 年代，由于运用这种模式的公司越来越多，为了体现公平公正的原则，国际上采用了第三方认证体系。

二、OHSMS 模式

OHSMS 主要有七个组成部分：初始状态评审、安全卫生方针、规划、实施与运行、检查与改进措施、审核和定期评审总结。其中核心内容是方针、计划、实施、改进、审核这五个要素和持续改进的循环。

OHSMS 的先进之处在于其运行过程的动态性，这个体系的五个活动"计划、实施、监测、评审、改进"周而复始地循环，而且每个循环都建立在前一个循环基础之上，以实现 OHSMS 的持续改进，这样的体系才能不断完成自我修复，不断地完善以适应时代的要求，最终实现预防和控制事故的目标。

三、OHSMS 运行模式

OHSMS 采用的是持续改进的循环模式,这种模式也被称为 PDCA 循环圈。PDCA 循环圈之所以叫作改进循环，是由于其工作机制，从策划阶段的初始评审开始依次运行，到评审总结结束形成一次循环，由于每次的循环都有一个纠错并改正的环节，所以下一次循环的起点即初始评审起点线都要高于上一次的起点，周而复始地循环并持续改进，这与 OHSMS 的内涵刚好相符，所以是 OHSMS 的一种典型运行模式。PDCA 循环圈也是 ISO14000、ISO9000 这类国际上比较先进的管理体系经常会用到的运作模式，其持续改进和不断发展的动态循环符合现代管理体系的操作理念，所以是现代管理体系运行的根本途径。

四、OHSMS 各要素之间的逻辑关系

企业实行 OHSMS 最终要达到的目标为最大程度地降低风险并改善企业的经营状况、树立良好形象。OHSMS 的制定者当初制定这个体系的初衷是通过政府的引导吸引各类企业参与到 OHSMS 的评估认证过程中，以实现国家的宏观控制，并刺激企业把 OHSMS 与 ISO9000、ISO14000 共同融入总的管理体系中，实现企业自主的安全管理机制。在 OHSMS 的各要素中，管理评审作为初始评审是体系的开端，危害辨识、风险评价和风险控制、目标、管理方案、运行控制、应急准备与响应、绩效测量与监测作为一条主线，负责把其他要素整合起来，其他要素的工作是围绕这条主线进行的，最后进行审核以确定这次管理的绩效是否符合目标，OHSMS 的这些要素是密不可分的一个有机整体，各要素作为这个整体的一部分各自发挥作用，并影响着整体的运行。

在 OHSMS 中，方针是安全管理的宗旨，把握着安全管理的总方向。危害辨识、风险评价和控制是体系的核心和基础内容，体系其他要素都是为其服务的。OHSMS 方针的制定要符合法律法规的要求，并且要根据不同的行业、不同的危险源和风险制定不同的方针，企业也要根据自身的特点制定符合企业自身发展状况的方针政策，方针政策在不改变宗旨的情况下要与时俱进以完善丰富 OHSMS，这样才能体现方针把握总方向和全局的作用。

对危险源进行分析后就要制定具体的目标，目标是方针政策能够落实的具体表现形式，也是法律法规的现实表现，只有建立明确的目标后才能建立绩效审核标准，有了具体的目标才可以制定管理方案，管理方案是体系形成的初始状态，这个要素联系着初始的管理评审和最后的审核，管理方案也是规划管理人员的具体操作内容，是实实在在要写在文件里的东西，具有很大的可操作性。体系的建立是从危害辨识、风险评价和控制分析开始的，先要对潜在的危险源进行分析排除，然后形成重大危险源列表，以这个为原始资料进行目标的设定

和管理方案的形成。

　　文件资料是把体系建立的前期工作和方针、制定的目标以及管理方案以文字的形式保存并记录在案，这有助于进行目标控制，也是将来处理事故的依据。文件资料的整理有助于工作人员的查询，也是对管理层培训的内容，文件明确规定了各个机构的职责和义务，在整个体系中起到法律的作用。

　　OHSMS 强调"人人参与、人人有责"，企业中每一个 OHSMS 的运行过程以及运行结果都和每一个员工的切身利益息息相关，每个员工都需要参与进 OHSMS 的管理工作当中，因此必须建立一个适合的组织，明确每一个员工的职责、义务和权限，以确保体系的正常运行。为了让员工自觉地履行自己的职责，公司有必要对员工进行业务能力的培训和 OHSMS 意识的灌输，还要不断地进行安全意识和能力的强化。由于不同的机构在业务上存在交叉，公司应该允许职员就安全事宜进行充分的协商和交流，以便安全技能的充分发挥且与行业技术没有冲突。

　　有的时候即使有好的方针政策和绩效目标，也不一定就能按规定的计划完成体系的运转，很有可能会出现意料之外的或是不可控的突发状况，为了降低这种状况的发生概率或突发状况的不可控性，要建立应急准备机制和实施突发状况的演练措施，以确保体系的正常运转，最大限度地减少人身伤亡和财产损失。在体系的运行过程中要不断进行绩效测量和监测，发现事故、事件不符合状况而影响公司正常运转，或是有事故发生时要及时控制并实施相应的纠正和预防措施，最后把这些记录在案作为文件资料的一部分以方便日后的查询。

　　系统的最后就是审核，这是对这一阶段工作的评估工作，评估这一阶段的 OHSMS 是否有效，也是判断各要素工作状态的一个标准，以作为下一阶段纠正改进的依据。为了维持 OHSMS 的持续有效性，应该定期开展审核工作。

五、OHSMS 的主要特点

（一）适用性强

OHSMS 没有具体的行为标准，可以灵活地被应用于各种自然地理和社会环境下，还可以与其他管理系统同时使用，因此其具有很强的适用性。OHSMS 关注目标的实现，不在意目标的内容，它坚持的是以预防为主和持续改进的运行模式。

（二）系统性

OHSMS 的系统性主要体现在两个方面，一个是组织结构的系统性，另一个是用文件化、程序化的方式贯穿整个体系。在 OHSMS 中，要同时具有运作系统和检测系统，且这两个系统的涉及范围是纵向的：从基层到最高决策层。

（三）先进性

OHSMS 是在危险源辨识和风险评价的基础上建立目标并展开工作的，建立以文件为支撑的运行程序，危险源的辨识和风险评价工作是运用科学手段进行分析，所以 OHSMS 能保证其先进性。

（四）动态性

动态性是 OHSMS 的一个最显著的特点，通过不断的跟踪和改进等措施，始终保持体系的适用性、充分性和有效性，以确保体系不断地完善。

（五）预防性

危险源辨识、风险的评价与控制是 OHSMS 的基础和核心，目的就是在事故发生前进行有效的控制，充分体现了"预防为主"的方针。为了预防事故的发生还要进行应急预案的演练，这也是 OHSMS 预防性的又一体现。OHSMS 的文件、方案和其他要素都是围绕着危险源辨识、风险的评价与控制进行的，而 OHSMS 的系统性又决定了整个体系的预防性。

（六）全员性和全过程性

OHSMS 要求全员参与和全过程控制，以激发人们的安全意识并自主地参与到职业健康安全管理当中，这个体系是一个系统工程，要求对全过程进行监控，实现系统目的。

（七）兼容性

OHSMS 与 ISO9000 和 ISO14000 有很多共同点，理论基础都是戴明管理理论，都以"预防为主"为指导思想，精髓都是"写所做、做所写、记所做"。在一体化原则的背景下可以同时使用三个标准进行安全管理，体现了 OHSMS 的兼容性。

六、OHSMS 的基本思想及实施 OHSMS 的作用

OHSMS 的基本思想是：通过建立、实施、运行这样一个管理体系，使安全生产工作和安全管理步入法治化、规范化的轨道，促使组织建立一个自我约束、自我改进的机制，并最终从宏观上达到消除安全隐患、降低各种安全事故发生的概率、避免人员伤亡的目的，以保障全体劳动者的安全与健康。

OHSMS 的运行将会推动职业安全卫生法规和制度的贯彻执行，使组织的职业安全卫生管理由被动行为变为主动行为，促进职业安全卫生管理水平的提高，促进我国职业安全卫生管理标准与国际接轨，消除贸易壁垒，提高全民的

安全意识。同时还会树立良好的企业形象，减少事故的发生，优化资源的配置，提高企业的经济效益。

第二节　我国水利工程施工安全管理现状

一、我国水利工程施工安全管理存在的问题

近年来我国在安全生产方面做了很多工作，包括提高施工技术、运用科学手段对事故进行事前预防和事中控制等，成绩显著，但是在管理层面仍然存在违规操作、监管不力、责任落实不清等问题，因此有必要在我国建立一个有效的安全管理模式规范管理行为。

（一）法律法规方面

随着环境问题日益突出，很多国家都把环境与健康纳入建筑施工安全管理法律法规的内容之中，并作为强制标准开始执行，国际上已经出现了 ISO14000环境管理体系。虽然我国参考 ISO14000 制定了《职业健康安全管理体系要求》（GB/T28001-2011），但是并未规定强制执行。

（二）安全管理体制方面

国外发达国家一般采取的是保险制约、行业咨询的安全管理体制，这种体制的好处在于以市场监管为主、行政约束为辅，充分发挥了市场经济的作用，

采用第三方的保险制度作为经济手段进行调节则可以真正地将安全管理落到实处，而我国采取的是行业管理、群众监督的管理体制，这种管理体制相对来说比较粗放，职责划分也比较模糊，因为惩治力度不强使群众监督本身就失去了效力，而行业监管也由于我国的市场经济发展相对不完善而适用性较差。

（三）施工单位方面

1.管理粗放

一般水利工程的施工场地比较偏远，地区相对落后，长期在这种环境下的项目管理人员的素质相对低下，他们对项目的管理也只是凭经验，根本不进行数据源的收集和分析，施工工艺不精，忽略细节处理，致使管理粗放。

2.管理体系普适性差

现阶段，工程施工行业没有一套普适性的安全管理体系，个别施工企业虽然有自己的管理规章制度，但也只是停留在原则层面，具体的操作较少。企业每次新接到一个工程就要根据这个项目重新编制一套实际操作的管理制度和体系，这样不仅浪费了大量的人力和财力，还造成施工企业根本没有一套完整的、操作性强的管理体系，而编制的管理体系文件只是应付上级检查，在施工中出现事故时只能是采取遮掩或是听天由命的无用措施。

3.管理效率低

管理机构繁多，又出现交叉管理，与管理有关的文件需要经过层层审批，许多措施在审批结束后都已经派不上用场或是事故已经发生，施工场地的安全员在时间的消磨下工作积极性全无，只是做一些日常的安全知识普及工作。

4.管理职责划分不科学

在每一个施工项目中都有一个项目经理全权负责项目的进度以及质量、安全等问题，但是却没有一个独立于项目经理之外的安全管理机构和负责人，项目的安全组织机构由项目经理划分，受个人经验和知识的限制，机构的组成和职责的划分基本上与科学和高效无关。

二、造成当前这种形势的主要原因

（一）法律法规和安全管理体制方面

许多事故发生的原因是安全管理的不善。据统计，70%以上的安全事故是由于违规操作，92%以上的事故与安全管理不到位有直接关系，可见安全管理才是确保建筑工程安全施工的关键因素。

随着科技的发展，我国已经提高了安全防护设备的科技含量，其抗打击能力和防护能力都已经达到世界先进国家的水平，如果施工人员正确佩戴防护用具，按照说明书使用防护设备，那么可以避免很多事故的发生，或是在事故发生后能很大程度地降低伤亡率，可是为什么伤亡事故还频频发生呢？究其根本原因是安全管理制度无法落实，管理人员或是不理解制度的意思或是根本就无视制度的存在，这样的安全制度就成了摆设。好的技术要与完善的管理制度相匹配，好的技术也要有实用的管理制度来保航护驾，仅仅依靠提高护具的抗打击能力来规避风险，作用不大，因此最根本的解决措施还是要从管理体制和制度入手，这要求市场的多方主体参与进来，共同约束管理人员，刺激施工单位和业主自主地参与到安全工作当中，发挥安全技术的保护功能。

（二）施工单位方面

1.激烈的市场竞争

过分地追求工期和经济效益的增长，从而忽视安全管理的保障作用，是目前建筑施工行业整体的"隐行规"，在这种趋势的影响下，施工企业的领导层也忽视安全管理和安全措施的实施，安全技能和安全知识的普及也只停留在最简单的层面；施工人员只注重施工技术，安全意识淡薄，为了保住工作，在有安全隐患的条件下继续施工，加大了事故的发生率。

2.盲目追赶工期

由于没有完善的安全管理模式，不能对安全隐患进行事先排除和预先演练，因此一旦有安全隐患，项目经理首先想到的往往不是如何保障施工安全，而是如果实施相应的安全措施是否会拖延工期。因此，一般情况下，项目经理都会要求施工人员违背安全管理规范和安全操作规程施工，有的甚至违背设计图纸，最后造成工程大面积返工等现象。

3.为效益精简安全成本

由于制度形同虚设，在没有制度约束的情况下，安全管理人员也只是走形式、走过场。为了节约成本，一些施工单位干脆撤掉安全管理部门，或是直接让别的部门监管，对安全施工设备更是能省则省，只购买一些简易的设备。工地上经常出现施工人员在无防护措施的情况下高空作业、油料库附近有明火的状况。

4.施工安全知识没有普及

工程施工人员大部分为农民工和社会闲散人员，这部分人的特点为：知识文化水平和素质水平低，上岗前根本没有接触过专业的安全技能知识、法律知识，自我保护能力较差。这部分人对我国的安全生产条例和建筑有关法规了解甚少，我国也没有机构专门对这部分人员进行法律法规和专业技能的免费、系统的岗前培训。此外，施工企业也没有对这部分人员进行岗前的安全技术和隐患交底，以及安全知识的培训，如：学习看图纸并按图纸作业、正确使用安全防护用具等。

第三节　在水利工程施工中建立

基于 OHSMS 的安全管理模式

一、水利工程施工中 OHSMS 的应用

（一）水利工程中 OHSMS 的运行模式

在水利工程中建立 OHSMS，应该以为项目企业建立一个程序化、系统化的动态循环管理过程为核心，以持续改进为指导思想，系统地实现企业既定目标。所以，在水利工程中建立 OHSMS 应遵循职业健康安全管理体系提出的职业健康安全方针，组织、计划与实施、评价、改进措施，这样可以符合其他认证准则的要求，同时具有普遍适用性。

OHSMS 作为系统化的管理方式具有很多通用的特点，如重视最高管理者的责任与承诺、员工参与管理、危害（险）辨识与风险评价、持续改进等。建筑企业应该根据自身的特点、安全风险和管理的实际情况来建立 OHSMS，这样才能充分发挥 OHSMS 的工作效能，切合实际地解决工程本身的安全管理问题，减少事故发生率。

（二）建立与实施 OHSMS 的主要步骤

1.普及 OHSMS 专业知识

普及 OHSMS 专业知识的过程是使全体员工统一思想的过程，这不仅有利于建立和实施系统化、规范化的 OHSMS，也利于贯彻"安全第一、预防为主"的传统安全方针。普及 OHSMS 专业知识的过程是全员参与的过程，需要得到所有员工的拥护。因此，应该根据企业中不同层次员工的特点进行不同的学习

和培训，在所有员工心中树立 OHSMS 的管理思想，把 OHSMS 的培训内容变为企业乃至行业文化的一部分，让所有从事工程施工的人员认识到 OHSMS 这个体系对自身和企业的重大意义。培训的主要对象为：管理层、内审员和其他员工。

OHSMS 的基本要求、主要内容，实施 OHSMS 对企业形象的影响和对效益提高的作用，以及对管理层的指导意义，是对管理层培训的主要内容。培训的主要目的是配合建立和实施 OHSMS。

对内审员培训的主要内容是 OHSMS 的管理运作机制，以确保内审员能够具有初始评审、编写 OHSMS 文件和进行管理结果审核等工作的能力。

对其他员工培训的内容仅限于了解 OHSMS，主要是具体的安全技能培训，这样不仅能够促进员工积极主动地参与到安全管理的实践活动中来，还能提高他们的自我保护能力。

2.初始评审

初始评审作为 OHSMS 持续改进运行模式的第一个基准，是建立和实施 OHSMS 的基础。初始评审的建立步骤为：

（1）搜集与职业健康安全法律法规和其他要求相关的所有法律条文、规定，确定这些文件的适用性和需要遵守的部分，并调查现阶段本单位和项目的执行情况；

（2）对现有的或计划的建筑施工相关活动进行危害辨识和风险评价，一般采用 LEC 评价法（半定量的安全评价方法）；

（3）分析目前执行的安全措施或是计划中即将要执行的安全措施是否可以消除危险源或是控制危害的损伤风险；

（4）评价现行的 OHSMS 的有效性和适用性，包括评价 OHSMS 的文件规定、程序等；

（5）对以往本单位各个项目的安全事故数据库进行分析统计，包括人员伤亡率、职业病种类和严重程度、财产损失、防护情况记录和趋势分析；

（6）对现行组织机构、资源配备和职责分工等情况进行评价分析；按照 OHSMS 的要求，初始评审的结果应该形成文件，并作为 OHSMS 的初始运行部分，也就是基础部分；为了配合 OHSMS 绩效持续改进的要求，与建筑施工有关的企业还应该参照 OHSMS 实施指南章节中有关初始评审的要求定期进行复评。

3.OHSMS 的初步预策划

根据以上评审内容和施工企业现有的资源和特点对 OHSMS 进行初步预策划，主要内容有：

（1）OHSMS 方针和目标的确立。结合企业自身的情况和特点制定相应的方针和目标，目标定得过小则浪费资源，过大则因达不到而增加成本；

（2）初步制定 OHSMS 的管理方案。这是 OHSMS 的框架，也是主要内容，为组织机构的划分提供依据；

（3）结合 OHSMS 管理方案的要求进行组织机构及其职责的划分。权责分明，才能不留管理死角，同时作为 OHSMS 的直接执行单位也能充分发挥 OHSMS 的作用；

（4）为建立和实施 OHSMS 进行必要的准备工作。如学习与培训 OHSMS，进行初始评审等；

（5）编写文件。按照 OHSMS 的要求，要进行适用于本企业自身安全管理的 OHSMS 的文件编写，内容要体现方针和目标、组织机构及职责的划分、主要危险源的分布及预防和控制措施、突发情况的应对方案、OHSMS 的管理方案和其他内部文件。这些文件在企业内部起到指导性的规范作用，同时用以保障各级人员发生变动等情况下 OHSMS 还能有效运行，确保 OHSMS 的不间断性循环。

（6）OHSMS 试运行。用以检验所建立的 OHSMS 的适应性和有效性；

（7）整改完善。通过 OHSMS 的试运行阶段，依据检测和审核的结果确认所建立的 OHSMS 是否能够达到所确立的目标、能否按照方案运行，对于不适合和没有达到预期的部分进行改进，充分发挥 OHSMS 的工作效能。

4.文件的编写

OHSMS 是以文件为支持并遵循 PDCA 循环模式的系统化、程序化的管理体系，所以文件就是企业的规范和章程，对职业健康安全管理起到指导和约束的作用，必须按照文件的规定实施安全作业和安全管理，要以 OHSMS "要求必写到、写到必做到"为方针，并做好记录、认真执行，使安全管理行为有章可循，使安全管理工作权责明确，使全体工作人员都能够依照章程按程序办事。

文件编写要符合 GB/T28001，还要依据施工企业自身的活动特点和具体情况。GB/T28001 具有普适性原则，也是企业在制定 OHSMS 文件时所要遵循的最基本的原则，是审核的最低标准，只有各项要求符合 GB/T28001 才能谈得上建立更高标准的 OHSMS，因此要在文件编写中体现 GB/T28001 的要求。但是由于 GB/T28001 具有普适性，它不可能面面俱到，并针对企业的具体问题提出解决措施，GB/T28001 只能起到规范和指南的作用，是建筑行业需要遵守的基本要求，然而施工企业的规模和类型是不同的，就算是同一个企业，不同施工项目的地理、文化和社会条件也不尽相同，GB/T28001 不可能解决所有具体问题。也就是说 GB/T28001 只提出应该做到什么标准，但具体怎样做还需要企业依据自身的管理条件和所遇到的安全问题进行具体的文件编写，建立符合自身条件的 OHSMS，文件编写不能像 GB/T28001 一样只有简单的规范指导作用，切忌只有粗略的标准而忽视具体的操作方法。

文件的编写要前后一致并形成一体化模式，做到各部分文件的有机结合，编写文件需要用到的标准规则有 GB/T28001、GB/T19001 和 GB/T24001 标准。GB/T28001 比 GB/T19001 和 GB/T24001 更加成熟，三者都通过安全管理体系的标准文件来规范企业的管理活动，均是为了改善企业的安全绩效和提高产品的质量。企业以前根据 GB/T19001 和 GB/T24001 标准已经制定了一套符合自身企业发展状况的体系文件，现在根据更高标准的 GB/T28001 对原有的体系文件进行修改或是重新编制，难免会出现前后不一致的矛盾状况，或是由于对新标准的不充分理解和掌握，在编制过程中出现还用原来标准的情况，为了避免这一情况，企业在组织编制文件时一定要先充分学习 GB/T28001 标准，或是直接选取 GB/T19001 或 GB/T24001 作为 OHSMS 文件编写的一个基准，无论采用什么方式和准则，一定要前后一致，避免重复和矛盾的情况出现，这样才能指导企业的安全生产，为企业的经济发展作出积极的贡献。

除了以上需要注意的点，企业在编制文件时还要注意质量管理与环境管理的协调，其实这两个部分的协调并不冲突，质量管理是业主的需要，环境管理是社会对环境保护发展的需要，好的环境可以提高管理的质量和工程的卖出价格，好的工程质量也是环境保护的需要，这样既节约成本、避免材料的浪费又可以提高经济效益，是双赢而不是冲突。OHSMS 的目的是保护员工的安全与健康，好的环境可以帮助完成这一目的，因此这是一个有益的循环。所以，在编制文件时要密切注意新出现的部分与原有的管理体系是否有冲突和不适合的地方，有则要作出适当的修改，注意做到质量管理与环境管理在制度和程序上相协调，同时也要注意管理过程中各要素的衔接和协调，不可出现重复管理、管理无法衔接、管理空白和管理冲突的现象，要做到面面俱到和不重复覆盖，所编制的技术性文件也要与所遵循的规范准则相一致，做到管理的对象与工作活动相一致。

GB/T28001 并没有提及我国企业 OHSMS 文件的结构要求，依据 GBT/19001 的标准的试点经验，企业在编写 OHSMS 文件时一般分为三个部分：职业安全管理手册、体系程序文件、体系其他文件（包括作业指导书、操作规程、工艺卡和其他有关规定）。企业可以参考 GBT/19001 关于文件结构的规定，也可以自主创新编制一套符合自己企业的结构。

5.根据文件内容进行培训

编制的文件如果束之高阁或只是用来应付第三方的检查，那么大可不必大费周章进行编纂。如果真的想发挥其应有的功效和作用就应该组织员工进行学习，分批次分层次地对员工进行培训，并针对不同的员工进行相应的考核。

6.审核

编制的文件在开始投入使用时要经过试运行阶段，并对成绩进行审核，对试运行中的不合格项加以纠正和整改。

二、水利工程中应用 OHSMS 需要注意的问题

在水利工程中应用 OHSMS 可以发挥以点带面的拉动作用，因为水利工程施工企业需要多个专业分包单位和多种材料供应商以及有劳务合作关系的若干相关单位，水利工程施工企业的安全管理水平提高了必然会带动其他各个企业安全管理工作的开展。但是在实施 OHSMS 过程中也需要注意诸多问题。

（一）OHSMS 是动态管理

OHSMS 是 PDCA 的循环过程，每经过一个新循环就需要对原有的目标和实施方案进行改进，调整相关要素的功能，完善 OHSMS。水利工程施工现场的流动变化性和生产工艺的多样性也决定了在实施 OHSMS 过程中，要不断地针对危害辨识、风险评价和风险控制的变化情况采取应对措施。

（二）OHSMS 应与水利施工组织规模相匹配

水利工程施工企业在组织 OHSMS 时要注意 OHSMS 的结构要支持组织的规模和性质条件，结构过大往往会造成资源的浪费或是企业无力承担的情况，结构过小就会与安全管理的实施不相匹配，最终达不到安全管理的效果。水利工程施工企业所承担的项目规模也都不相同，针对不同规模的工程不可机械地照搬以往性质、规模类似的安全制度，要做到切合实际，这样才能发挥 OHSMS 的作用。

（三）加强信息交流

水利工程施工企业往往会和很多相关方打交道，如业主、承包方、供货方和监理方等。为了避免由信息不畅造成的工程延误或是设计与施工实际状况不相符等现象，施工企业应及时地与这些相关方进行信息交流。

（四）OHSMS 具有兼容性

OHSMS 本身兼容性的特点决定了不必强行废止其他安全管理模式，如果强行废止原有的管理模式，可能会由于暂时的不适应而导致安全管理系统的崩溃，所以只要对原有的安全管理模式进行适当的修正，使其与 OHSMS 相匹配就可以。OHSMS 不必独立于其他管理系统，而作为整体安全管理系统的重要组成部分。在水利行业中建立基于 OHSMS 的安全管理模式亦是如此。

第七章 BIM 技术在水利工程施工安全管理中的应用

第一节 BIM 技术概述

一、BIM 的概念

从 BIM 技术出现开始，人们就想对其概念进行严格的界定，但是受到两方面因素的影响，使得难以对其进行准确的解释。一方面是因为 BIM 技术出现的时间比较晚，至今发展也不过几十年的时间，相关的理论还不全面，无法对其进行准确的定义，或者说是无法使定义内容概括 BIM 技术涉及的方方面面；另一方面就是因为从建筑描述系统出现开始，BIM 技术是不断发展和变化的，至今还处于不断完善和改进的过程，这样就使得相关概念的界定变得更加困难，无法对其进行统一的解释说明。虽然无法对 BIM 技术概念进行准确的定义，但是 BIM 技术的概念必将包括下述几方面的内容。第一，BIM 技术涉及的内容包括水利工程管理的方方面面，是贯穿水利工程项目全过程的，而不单单是建立一个信息系统模型就可以完成的；第二，和传统的二维水利工程设计和管理模式相比，BIM 技术具有精细、高效、信息统一的优势，BIM 技术的出现改变了传统水利工程管理粗放式的模式；第三，BIM 技术的出现必将会引起建筑业新一轮的技术变革，使建筑行业面临更大的挑战和机遇。

BIM 是英文 Building Information Modeling 的缩写，直译为"建筑信息模型"，在学术界对 BIM 技术的通用解释为：BIM 技术就是将水利工程项目中涉及的各种数据信息进行加工处理，形成一个具有所有设计元素信息的综合水利工程项目数据库，并将和水利工程项目有关的参数输入数据库中，建立相应的数据模型，水利工程项目参与方能对数据库信息进行输入、访问、修改等操作。数据库中的信息彼此之间具有一定的联系，编辑任何一个数据信息都有可能会导致其他方面信息内容的变化。

二、BIM 的技术核心

在整个建筑信息系统中最为核心的技术就是数据库。数据库的建立需要计算机技术和三维数字技术的支持，是整个 BIM 技术中最为重要同时也是最难以实现的一个环节。三维模型数据库相比一般的数据库而言具有下述特点：第一就是这个三维数据库要包括和水利工程项目相关的所有数据信息，同时随着水利工程项目的不断推进，数据库的数据还要进行不断的更新，即需要包括水利工程项目从立项到运营维护阶段的各种信息；第二，三维数据库中的数据信息并不是独立存在的，各项数据信息之间具有一定的逻辑关系，修改其中任何一个数据信息都会引起其他数据信息的变化，这样才能确保不同专业信息之间的协同性。此外，三维数据库中的信息还要能在水利工程项目参与方中共享，即参与水利工程项目的建设单位、施工单位、监理单位、设计单位等能直接访问数据库，并有权对数据库中的数据信息进行编辑操作。这样可以让水利工程项目参与方能更加及时地了解水利工程项目的实施情况，有助于工程项目参与方快速对变更内容作出反应，从而提高决策的效率，有效减少时间和资金的浪费，提高水利工程项目的效益。

三、BIM 信息的特性

（一）BIM 信息的复杂性

BIM 技术就是通过建立一个参数化模型，依托计算机技术，将和水利工程项目相关的数据全部输入模型中，从而对水利工程项目进行虚拟化的一个过程。除了构建参数化模型，应用 BIM 技术的一个重点内容就是水利工程项目的数据信息的存储，这些数据的信息量往往非常庞大，包括水利工程项目各个方面的内容，涉及水利工程管理的各个环节，从结构数据信息到材料特性信息再到工艺信息等，不仅仅是构建三维模型的几何信息，还包含很多非几何信息。简而言之，就是利用 BIM 技术在计算机中建立了一个和现实水利工程项目完全一样的虚拟建筑，现实中需要使用到的信息内容要按照一一对应的原则全部输入计算机中，以确保虚拟建筑和现实建筑之间的一致性。

在水利工程管理的全过程中，按照一般的划分方法可以将其划分成四个阶段，分别为准备阶段、设计阶段、施工阶段以及运营维护阶段。不同阶段涉及的参与方不同，但无论是哪一个阶段都会有很多利益关系牵涉其中，按照参与水利工程管理的方式的不同，可以将众多的水利工程项目参与方分成两种类型，一种是直接参与水利工程管理活动的单位，如建设单位、设计单位、监理单位、施工单位等；另一种是间接参与水利工程管理活动的单位，如政府相关机构、社会相关利益群体等。不同水利工程项目参与方需要的信息不同，产生的信息也不同，而将这些原本就比较复杂的信息综合在一起后，其复杂程度又会成倍地增加。通常而言，一个 BIM 数据库中应包括设施管理、运营评估、法律法规、日照分析、视线模拟、成本预算、施工图纸等各种不同专业范围的信息。由此，显而易见，BIM 信息具有复杂性的特征。

（二）BIM 信息的延续性和一致性

美国的一个专业机构总结了 BIM 技术在建筑业中 25 种不同的应用方式，具体的内容就不再详细介绍，但在这 25 种应用方式中有三种是较为普遍的，分别是在规划设计阶段的建筑物周边环境模型和价值评估以及建设施工阶段的档案模型，这三种应用方式可以体现出 BIM 信息传递是具有延续性的。其实，从实践角度出发，也能证明 BIM 信息具有延续性和一致性的特性。

首先，BIM 技术应用于水利工程管理的全过程，三维数据库中的信息包括水利工程管理各个阶段的信息，便于项目参与方全面了解工程项目的情况。如果 BIM 信息不具备延续性的特性，在水利工程项目推进的过程中容易出现信息丢失或信息错误的情况，将会影响后续工作，严重者甚至会导致以后的工作都是以错误数据为基础进行的，从而给水利工程项目带来不可挽回的损失。鉴于此，水利工程项目中产生的信息要符合延续性和一致性的要求，而 BIM 系统作为水利工程项目信息的载体，自然要使得数据库中存储的信息具有延续性和一致性的特性。

其次，从传统水利工程管理模式存在的弊端可以看出，关于工程资料数据信息不全的现象很普遍，这一现象的存在将会影响水利工程项目交付使用后的运营维护工作。而 BIM 实际上就是水利工程项目在计算机中的一个缩影，其中的数据信息就好比传统建筑管理模式中的工程资料数据，如果出现缺失将会给以后的运营管理工作带来极大的困难。

再次，BIM 技术具有的协同性也可以确保 BIM 信息的延续性和一致性。BIM 技术为不同专业的设计师提供了一个信息共享的平台，设计师可以对其中的数据信息进行编辑，但编辑后的数据信息会及时反馈到其他设计师负责的领域，使得各个专业之间的数据信息同步更新，从而保证了 BIM 信息的延续性和一致性。

最后，BIM 技术是实现建筑业信息化的重要手段，BIM 模型构建是建立在信息化的基础上的。BIM 的主要功能就是对复杂的数据信息进行管理，它可以将复杂、无规则的数据变得具象化、条理化，最终形成一个系统化的数据库，完成对数据输入、存储、处理和访问的过程。这个过程就可以保证 BIM 信息的延续性和一致性。

四、BIM 技术与智慧工地

随着 BIM 技术不断深入发展，其已应用于各类工程项目的各个阶段，BIM 技术的优势也愈加明显。同时，BIM 技术可有效解决工程项目所面临的各种技术难题，因此在打造智慧工地的过程中，BIM 技术将以建设项目全生命周期的各个阶段为基点，完成项目精细化管理与建设，为智慧工地中"人、机、料、法、环"等关键因素的控制管理提供信息技术支持。

（一）形成智慧工地建筑相关数据信息

应用 BIM 技术可以全面、精确、及时地为智慧工地提供建筑相关数据。

应用 BIM 技术可完成工程项目的三维可视化模型设计，同时生成建筑体的平面、立面、剖面图纸，为后期施工建设提供精准详细的指导。

BIM 技术的一大优势就是信息无损传递，整个建造过程的模型都来自最开始的设计模型，随着建造过程的实施同步更新，同时工程量的准确计算可以为成本估算提供可靠的证据，也可为业主进行不同方案的比选提供依据。

在模型设计过程中，将各类材料属性信息（生产厂家、成本等）及各构件属性信息导入 BIM 软件，建立 BIM 数据库，清晰显示，同步更新，方便建设方与施工方掌握工程最新最全资料。

（二）形成智慧工地各参与方的协作

项目实施人员利用协同平台移动端（如手机、平板电脑等），在复杂且关键的施工过程的施工之前，打开云端 BIM 轻量化三维真实数据模型，向技术人员进行复杂施工段可视化交底，便于参与项目各方的沟通。

电气、暖通、给排水等专业设计人员在 BIM 软件上进行各专业设计与实时更新，其他设计者也可实时查看总体的管线布置情况，而且可以通过开展单个或多个专业模型的审核讨论会，发现问题与不足，及时沟通协调，确保各专业的设计方案能够详细精准地展现在模型中，在一定程度上减少了设计环节的重复工作和人力浪费，提高了整体效率。

可以利用虚拟漫游功能，在建筑设计的效果展示、方案比选等环节，加上渲染效果，输出一个比较完整的动画演示视频，为企业宣传、房屋销售等提供便利。

（三）形成智慧工地管理体系的框架

智慧工地施工现场管理涉及工序安排、材料与资源调度、空间布置、进度控制、质量监管以及成本管理等多方面内容。智慧工地实时管理体系的构建遵循智慧建设的集成性、智慧性、可持续性三大基本特性，将重心放在项目建造和运行的核心管理实践活动上。BIM 技术着重加强了工程项目全生命周期内的各个层级管理活动的可视化、实时化、高效化与精确化。

1.工序安排

协调施工过程中各施工班组、各施工过程、各项资源之间的相互关系，将关系到施工的顺利进行。BIM 技术的优势在于其过程具有可模拟性，对于项目中的重点和难点快速地进行模拟。BIM 技术也可以对主要的施工过程或者施工关键部位、施工现场平面布置等施工重点进行模拟和分析，可以对多个方案进行可视化比对，从而选择出最优的方案。

2.材料与资源调度

实现设备与材料在线智能化管理，材料支出是施工过程中成本控制最重要的一方面，在施工项目成本中占比也非常大。在施工的过程中要采取限额领料的办法，对每个施工队的材料使用情况采取奖惩制度，鼓励节约，并且鼓励探索新工艺、新方法，提高施工人员的主观能动性，减少材料浪费。利用 BIM 技术对材料的到场时间进行合理的安排，减少不必要的损失。合理安排材料的安置与堆放，既要方便施工，也要便于运输与储存，减少材料在施工前及使用过程中的损耗，降低成本。

3.空间布置

借助 BIM 技术的可视性、动态性进行三维立体施工规划，如利用广联达 BIM5D、Revit 和 Navisworks 的组合建模，能直观形象地展现施工过程中的场地布置情况，还可动态监测，保证建设项目施工过程的平稳，减少因场地布置不合理而造成的工期延误和产生二次搬运费用等。

4.进度控制

工程施工本来就是一个动态的过程，借助 BIM 技术，将 3DBIM 模型与时间进度进行挂接，实现 4D 施工进度模拟，随着时间的推移，模拟施工的进行。4D 施工模拟可以帮助建设者合理制定施工进度计划，配置施工资源，进而科学合理地进行施工建设目标控制，项目参与方也能从 4D 模型中很快了解建设项目主要施工过程的控制方法和资源安排是否合理。

5.质量监管

智慧工地涉及的各专业的模型设计完成并整合后，可通过 BIM 技术的碰撞检查功能完成检测，根据相互冲突的构件列表，及时进行协调避让，优化各类专业管线排布，完善设计方案，最终使设计图纸趋于完善与精细化。施工现场涉及安装的大量管线，不仅包括功能性的给水、排水、通信等管线，还包括自身的消防、电力、通风等设备。利用 BIM 技术，在同一个平台上构建各个专业的模型，借助虚拟施工软件进行碰撞检查，迅速地找到管线排布中不合理的地方，从而提高管线的综合设计能力和工作效率。利用BIM模型还可进行施工机具的碰撞检查以及移动路径检查，确定合理的施工方案，更好地与业主和设计单位沟通协商，减少施工方案引起的工程变更，降低工程成本。同时，各类建设项目都是一项动态且生命周期长的工程，运营过程中总是需要进行一定的局部修改变动。利用BIM模型进行改造，方便快速查找各构件信息，加快了改造进度。

6.成本管理

依托BIM数据库中的大量项目信息，运用BIM软件进行成本概预算，保证成本概预算的准确性，提高了成本的把控能力。

（四）形成智慧工地相关技术的协同

智慧工地的实现需要很多现代先进技术和管理手段作支撑，比如数据交换标准技术、可视化技术、3S技术、虚拟现实技术、数字化施工技术、物联网、云计算、网络通信技术、人工智能等。这些技术中的每一项都是打造智慧工地不可或缺的一部分，借助这些技术，BIM将得到更好的应用，因此BIM技术应与之共同协作，相辅相成。例如，BIM技术出现以前，建筑行业往往借助较为成熟的物流行业的管理经验及技术方案，通过RFID（射频识别技术）可以将建筑物内各个设备构件贴上标签，以实现对这些物体的跟踪管理，但RFID本身无法进一步获取物体更详细的信息（如生产日期、生产厂家、构件尺寸等），而BIM模型恰好详细记录了建筑物及构件和设备的所有信息。

此外，BIM模型作为一个建筑物的多维度数据库，并不擅长记录各种构件的状态信息，而基于RFID技术的物流管理信息系统对物体的过程信息都有非常好的数据库记录和管理功能，这样BIM与RFID正好互补，从而可以减轻物料跟踪带来的管理压力，后期的资产管理也可以借助这种方式。总之，将BIM技术应用在建筑项目全生命周期中才能够实现其价值最大化，而在智慧工地的实际施工阶段相应地也需要应用BIM技术对建设全过程进行模拟，从而实现全方位管理,确保智慧工地顺利地构建,全面提升智慧工地的合理性和科学性。

第二节　BIM 技术在水利工程施工
安全管理中的具体应用

随着中国社会经济的不断发展,中国水利施工行业也得到了前所未有的发展,然而在取得骄人成绩的同时,也出现了很多问题,尤其是施工安全方面的问题;这方面的问题对社会影响重大,解决这类问题是水利工程发展的重中之重。随着建筑施工各方面技术的不断发展,对于施工安全问题的解决也有了更多的研究视角和思路,这对水利工程施工也具有重要的研究价值和意义。

一、水利工程施工安全管理的 BIM 系统

(一)水利工程施工安全管理的 BIM 系统的建立

在上一节的论述中,我们知道 BIM 技术在施工方面具有很多的优势,这些优势也影响着施工的安全进行;BIM 可以提供合理、科学的施工安全设计和规划,能进一步促进施工安全,并且通过它可以自动检测和消除危害,因为一个建筑信息模型和相关的进度规划之间存在着密切的联系。随着施工的推进,施工现场每天都在改变,施工环境也不断改变,新的安全问题不断地出现或者被消除,施工过程中可能会包括各种活动的顺序,如果没有适当的纠正措施,按照顺序进行时,不断改变的活动在本质上是危险的,而事实上这些活动顺序是可以在规划阶段被纠正的。可见,BIM 可以实时跟进项目的推进,并对施工

进行实时监控，可见其在施工安全方面有着巨大的潜力。一个基于安全规则标准的安全检查系统的框架如图7-1所示。

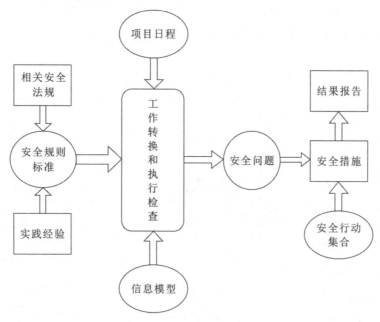

图7-1　安全检查系统框架图

与传统过程相比，该系统将把现有的相应的安全规则标准、安全方针和实践经验应用到 BIM 的模型中，用于支持检查的执行。该系统将可以应用在建筑建模工具中或者可以读取建筑模型的平台上；在理想的情况下，规则标准检查应该可以应用在不同的环境中。

在检查系统中确定 BIM 中的安全问题或隐患后，纠正措施如安全设计和安全规划就可以实施了。检查系统的目标是协助决策者进行安全规划和工作进度规划，并针对已经发现的问题提出可行的解决方案。通常针对每一个安全条件可以有多个可选的安全纠正措施，把这些安全纠正措施存储起来，可以构成安全行动集合，那么针对每一次确定的安全问题或隐患，安全行动集合便可提供解决措施。该解决方案应该包括正确的、具体的信息，例如作用位置、材料和避免危险的防护设备的安装时间，或提出的修改工作任务的备选方案。在设计中反映安全的一个巨大的挑战是，项目规划通常直到设计几乎完全完成时才会考虑工作进度规划。采用 BIM 系统，可以通过提交行动报告将安全检查的结果和相应的施工承包商的安全要求传达给设计师。如果有必要，那么就可以在项目前期或施工过程中消除已确定的安全问题或隐患。

（二）基于 BIM 技术的安全检查过程

安全规则标准检查过程如图 7-2 所示：

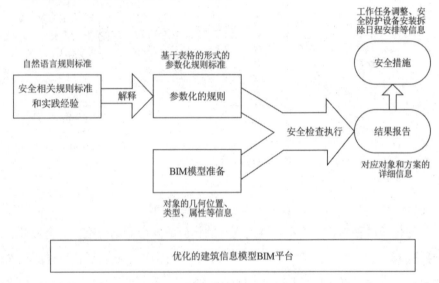

图 7-2　安全规则标准检查过程

图 7-2 的解释如下：

1.规则标准解释

对来自安全法规或相关行业的安全标准规则的解释是在逻辑的基础上从人类的语言映射到机器可读的格式的语言。规则标准中的名称、类型和其他属性都会被分析和提取。然后，这些规则标准会被归类在不同的现场条件下使用，主要利用条件判断选择逻辑来确定对应情况下相应的安全措施。

2.建模

在基于对象的模型中，所有的施工对象都有特定的对象类型和属性。这些信息将被用来检查施工对象的几何特征。因此，建筑模型的规则检查的要求比现有的2D绘图或三维建模的要求更加严格。相比现有的BIM应用程序，如冲突检测和基于BIM的工程量估算，一个以规则标准为基础的检测系统的基本要求是，每一个建筑对象都有如下信息：对象的名称、类型、属性、关系和元数据，包括物体识别号、日期、创建模型元素的作者等。附表的数据需要被连接到指定的对象，因为需要进行相应的更新。此外，每个施工对象的空间结构需要良好的组织。总之，为了在下一步规则标准检查计算中获取所需的数据，参数化模型是一个必要的条件。

3.检查执行

规则标准检查执行阶段汇集了被解释过的规则标准集和准备好的建筑信息模型。由于所有的规则标准都已经翻译为机器可读的代码，其执行是非常简单的。施工对象通过名称、类型或其他属性可以映射到对应的规则标准集，根据规则标准就可以对施工对象进行自动安全检查。用户定制的安全检查可能需要更复杂的算法。系统将提供各种施工项目及其安全防护的方法，规则标准检查执行的设计有两种情况：（1）自动检查模型，根据默认设置或者系统建议的解决方案应用安全措施；（2）提供一切可能的解决方案，可以根据自动检查后个人的实践选择，或者在以前的被选择的方案基础上选择最好的那个。规则标准检查的执行过程是不断重复的，因为发现安全隐患后，会采取一个可能的解决方案，隐患解决以后，模型中很多信息会被改变，那么可能存在安全问题的位置也会随之改变，因而再次重复执行以确定任何新的潜在危害是很有必要的。

4.结果报告

安全检查的结果将以两种不同的形式生成报告：（1）可视化安全防护设备；（2）检查表形式的检查结果，表中将包含对应模型对象和适用的解决方案的详细信息。此外还会将耗费的安全设备数量（物料清单）信息导入项目进度表中。

5.安全措施

由于针对隐患的预防方法是可视化的，则决策者可以通过三维模型在逼真的环境下进行决策。这样，利用 BIM 将可以作出更好的决策，同时也可以提高项目参与者对整个项目和施工安全的认识水平。基于安全检查结果报告的一些即将在施工现场实施的纠正措施，会随着后勤安全设备资源的活动来安排，例如，可以在 BIM 平台报告，分配安装/删除安全设备的工作任务，进一步将施工情况信息化，也方便对变动的情况进行工作任务调度和安排。

二、基于 BIM 技术的施工安全评估指标的建立

BIM 技术在建筑施工行业应用的有前途的方向之一是在项目的早期阶段促进各种规则检查和模拟建筑设计评估。这个以规则为基础的系统，将帮助用户定义和应用规则，这些规则在一个给定的模型中执行，可以返回检查结果报告，报告内将标明"合格"或"失败"。设计评估可以针对项目的方案功能要求性、模型的正确性、可施工性、维护性等方面进行。以往设计评估通常由多个领域特定的专家参与，是一个费时的、昂贵的和容易出错的人工过程。利用 BIM 模拟可以通过自动化的接口提供，更快也更可靠，例如，概念设计模型可以用于估计空间验证、安全检查、能耗模拟和早期费用预估。

（一）评估指标建立

水利工程施工现场安全评价指标体系是进行评估的基础。评估指标体系的准确性是进行科学评估的基础，因而在建立评估体系的过程中必须本着客观科学的态度。在这个过程中对于复杂的问题的处理一定要有依有据，必须遵守相

关法律法规，尽量多结合专家意见。

　　复杂的施工环境，以及项目本身的难度导致水利工程施工安全评价指标体系是非常复杂的，因而在建立评估指标时需要遵循一定的原则，具体有以下原则：科学性原则、动态性原则、全面性原则、可行性原则、可比性原则。

　　中国对施工安全的评估工作相当重视，为了规范评估工作的展开，相继颁布了一些关于安全评估的行业标准和法律法规，例如《施工企业安全生产评价标准》，在一定程度上推动了安全评估工作的发展。笔者通过对行业标准《水利水电工程施工通用安全技术规程》进行学习和总结，随后结合重大危险源监控程序文件对水利工程关注的问题进行了深入细致的分析。基于 BIM 技术特点，结合前人的研究成果得到最终的水利工程施工现场安全评价指标体系，如图 7-3 所示：

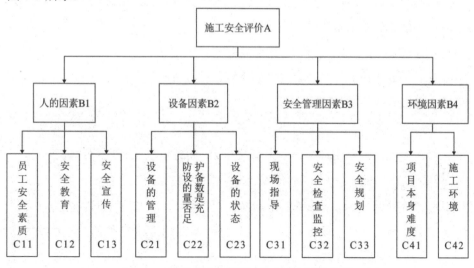

图 7-3　水利工程施工现场安全评价指标体系

　　对于水利工程施工安全的影响因素可以从四个方面考虑：人的因素、设备的因素、安全管理的因素、环境因素；对于基于 BIM 技术的项目，这些信息将是很容易获取到的。

1.人的因素

众所周知，水利行业是技术难度很高的、多人参与的复杂的行业，对于参与人员的要求也是非常高的，并且有研究表明，70%以上的事故是由人的不安全行为引起的，由此可知人的因素对安全的影响是非常大的。

（1）员工安全素质

这一项内容主要是指参与项目的人员的安全意识、安全技能、安全方法等方面的水平，首先对于领导，领导要树立"安全第一、预防为主"的理念，有一定的安全意识，另外他们应不断学习相关的安全规则标准，并贯彻落实到实践中，不断在实践中总结和完善安全生产的制度与条例。对于普通的员工，他们必须具有一定的安全意识，能识别明显的危险并能采取简单的防护。

在基于 BIM 的模型中，我们可以加入对参与人员的信息收录，比如对参与项目的领导的安全素质的评定可以参考项目领导的学历、学位、专业以及参加相似管理工作的年限及其管理水平等信息，这些信息都可以融合在 BIM 的系统里面，同时基于一个经验收集的系统，通过对比往年的情况，可以给出一个科学合理的评分。

（2）安全教育

水利工程施工行业是劳动密集型的行业，而且很多水利项目的施工位置都是在偏远的山区或者农村，很多工人都是当地农民和外来农民工，他们的安全知识是非常匮乏的，而他们的安全素质却很大程度上影响了项目的安全性，同时又由于他们的文化素质较低并且流动性较大，往往不能对他们进行系统的安全生产培训。根据中国以往的建筑施工伤亡事故统计报告，施工人员违章操作是造成安全事故的主要原因之一。因此，加大安全教育投入，加强施工从业人员的安全培训，增强施工人员的安全意识，是提高施工现场安全性的重要措施。

对于安全教育，基于 BIM 的系统可以根据规则标准对项目中某一对象的参与员工标记为是否需要安全教育，并将该信息反馈到安全检查结果之中，进而可以将安全教育加入安全解决方案中，在进行评估时，检查的结果进行比较和量化以后将可以直接作为评估的数据。

（3）安全宣传

安全宣传反映的是一个企业的安全文化氛围，仅仅依靠上岗之前的短时间的安全培训是很难使安全意识深入人心的，同时随着时间的推移，安全的知识会越来越少，因而有一定的安全宣传措施可以不断地提醒员工树立安全意识，能够增强群众的安全意识，这样能够大大地加强项目的安全性。

对于安全宣传，基于 BIM 技术的项目能够很好地将施工安全知识从现场管理人员以及项目负责人传达到设计人员，能够起到很好的安全宣传作用。

2.设备因素

随着科技的不断发展，施工项目的机械化程度越来越高，水利工程项目中越来越多地应用高科技施工设备，施工设备的地位和作用也越来越重要，各种先进的施工设备一方面给施工带来了很多便捷，另一方面也在一定程度上加大了使用施工设备的施工环节的危险性，设备的质量，是影响施工进度和质量的主要因素，同时也对安全产生有很大影响，因而可以认为施工的设备是引起施工事故或者保障施工安全的一个非常重要的因子。当然在这里所说的设备，不仅指施工设备，也包括防护设备等。

（1）设备的管理

施工设备的安全管理是施工安全管理的重要部分。施工设备种类繁多，拆装、使用、调试等环节众多，不易于管理，但是设备状况是否良好，直接关系到施工是否安全。因而设备管理是非常重要的，需要针对设备完整的生命使用周期进行科学管理，以获得设备最佳的使用效果。

对于设备的管理，基于 BIM 技术的安全规则检查结果中会对设备的安排规划有详细的信息，事实上设备的管理是其安全措施的一部分，在进行评估时，相关专家可以对安全检查的结果进行考察，对安全规划中设备的管理进行评估，同时可以将评估的结果反馈到系统中，以优化下一次的检查结果报告。

（2）防护设备的数量

在施工现场，尤其是在环境不好的位置，防护设备对于施工安全的影响是非常大的，安全防护设备的数量将是施工安全一个重要的关注点。

基于 BIM 技术，防护设备数量完全可以以可视化的形式反映在系统中，方便决策者进行决策的同时也侧面反映了施工的安全性。

（3）设备的状态

设备的状态直接影响到施工设备使用的安全性，而工程设备的使用周期很长，在整个生命周期内会被应用到许多施工项目中。为了保障施工的安全进行，需要在使用设备之前确认设备的可靠性，并且要对设备进行定期检查，以确保设备工作时状态良好。

在基于 BIM 技术的安全规则检查结果中，对设备的管理是其安全措施的一部分，同样设备的状态会反映在设备的信息详细中。

3.安全管理因素

在水利工程项目施工中，安全管理工作十分重要，它不仅需要技术支持，更需要政策和各参与方的大力支持。每个参与公司从总部到各个班组都必须设置相应的安全机构，并且挑选责任心强、有经验和技术的人员担当专业安全管理人员，以促进公司的安全管理工作，可见安全管理对于项目安全的重要性。

（1）现场指导

水利施工项目本身是一个技术性比较强的工程，对参与人员的技术有一定要求，尤其是在施工现场，各种复杂的情况随时可能发生，处理不好就可能引发严重的施工事故，因而施工现场需要有专业的指导人员，以确保施工的安全性。

（2）安全检查监控

通过安全检查，安全管理人员可以提前弥补施工中的缺陷，并找到合理的安全措施去解决，这样可以很有效地减少和消除施工的隐患。而安全监控能实时关注到施工的整体状况，能从全局看清施工的安全问题，也能及时确认和获得安全解决方案。

（3）安全规划

"安全第一"是任何工程项目都应该贯彻的理念，安全理念应该贯穿项目的整个周期，从设计到最后的验收，安全规划是安全的第一步，也是关键性的一步，它能在很大程度上引导施工安全进行。基于 BIM 技术，系统可以根据安全检查的结果以及结合实践经验给出合理科学的安全规划。

4.环境因素

在这里所指的环境因素主要是指项目本身的因素以及外界环境的因素。

（1）项目本身因素

对项目本身来说，其施工的技术难度很大程度上影响着事故发生的概率，通常技术难度大的项目发生事故的概率都比较高，影响也比较大。BIM 技术的一个非常大的优点是可以实现 3D 可视化的安全监控，在设计阶段，基于 3D 技术，施工项目的结构是一目了然的，那么对于项目本身的难度也将了如指掌，可见 BIM 技术大大方便了数据的获取，并且数据获取将更加科学合理，因为在给出项目的难度评分时，系统可以结合实践经验给出客观的结果。

（2）施工环境

就水利工程来说，其施工多在水域或者高山峡谷地带，这无疑给施工带来了一定的难度，同时也加大了项目的危险性。

（二）基于 BIM 系统评价指标打分过程

在前文已经介绍了水利工程施工安全的评估指标体系，并对每个指标在 BIM 系统中的内涵进行了描述。本节将主要介绍 BIM 检查系统对各个指标打分的具体过程。

在我们的评价模型中，基于 BIM 检查系统的评价所需要的指标值大部分来自 BIM 检查系统，部分暂时不好量化的指标值将来自专家的打分，或者由专家根据 BIM 检查系统提供的相关数据决定。现在选定某水利水电公司施工单位下的一个高边坡施工项目作为实例，详细介绍各个指标打分过程。打分为

100 分制。

该项目基本人员情况，共有 5 位领导，85 位直接参与施工人员，领导基本情况如表 7-1 所示，员工培训总体情况如表 7-2 所示。

表 7-1　领导受教育程度表

人员序号	学历	相关工作年限	相关管理年限
1	中专	15	10
2	本科	11	9
3	本科	8	4
4	大专	12	7
5	硕士	4	2

表 7-2　员工培训情况表

项目	参与安全培训	安全培训 0～3 小时	安全培训 3～10 小时	安全培训 10 小时以上	安全技术考核通过
比例	90%	20%	50%	20%	87%

基于以上客观数据，BIM 系统通过与案例库中数据对比，为该项目的员工安全素质打了 85.6 分。

针对安全教育，上面已经有描述，有 90% 的员工都进行过安全培训，学时存在差异，故 BIM 系统针对上述数据打分，分值为 84 分。

针对安全宣传，实质上 BIM 技术将施工安全知识从现场管理人员以及项目负责人传达到设计人员，这一部分对安全有很大的影响；另外 BIM 检查系统的检查结果报告会对安全规划也有详细的描述，会有安全教育规划的内容；这一部分的分值 BIM 系统不能直接给出，因为只有规划没有用，还是要看落实情况，因而该部分 BIM 系统只是提供可参考的数据，最后的分值由相关专家确定，根据该项目的实际情况，该部分分值为 78.3 分。

设备的管理指标，BIM 系统本身就有对于设备的规划管理部分，因而该项目的该指标为 100 分。

对于防护设备的数量状况，BIM 检查系统对施工过程进行监控时会对未设置安全防护设施的施工对象进行识别，并且给出指示，所有基于 BIM 系统这一部分的数据是非常直观的，该项目在检查中统计得出有 12%的施工对象未得到安全防护设备，系统对该指标打了 88 分。

设备的状态信息存储在 BIM 系统中，根据设备使用年限、设备故障概率，以及维护情况，系统对该项目设备状况打了 78.9 分。

对于安全管理因素中的现场指导指标，BIM 系统可提供的数据不多，该指标重在落实，故该指标分值由相关专家打分，然后求平均分得到分值为 76.5 分。

对于安全检查监控，BIM 自动化检查系统相较于传统人工进行的安全检查监控更加全面，而且每一项都得到了落实，因此这一指标为 100 分。

对于安全规划指标，BIM 系统可以根据安全检查的结果以及结合实践经验给出合理科学的安全规划，安全规划的制定部分是比较科学可靠的，但是还有一个重要的问题就是规划落实问题，因而只基于 BIM 将无法为该指标打分，还需结合实际落实情况打分，该部分相关专家针对 BIM 系统所做的安全规划以及结合项目实际的落实情况打分，分值为 83 分。

对环境因素中的项目本身难度这一指标，采用 BIM 技术可以实现施工过程的可视化和提前模拟，因此对于这一部分的打分，利用 BIM 系统可以直观地看到项目的难易程度，因而系统的评分将是非常合理客观的。该项目基本情况为：长 85 m 右侧边坡，最大边坡高度为 25.1 m，自然地形坡度约 40°，地质为黏性土碎石，约 70%，其余为风化泥岩。BIM 系统针对这些数据，为该项目的本身难度打了 60.6 分，因为难度越高，安全程度会越低，所以该数据作为评价分值输入时需做转换，即 $100-60.6=39.4$；打分依据：根据国家建筑行业高边坡施工规范，边坡高度为 25.1 m，在 10 m～30 m 之间，属于中高边坡，相对超高边坡的施工来说略简单，另外自然地形坡度约 40°，也在国家规范的 30°～60° 之间，属于中等难度；其地质情况为风化泥岩，较不稳定，从高边坡岩石质地分类可知该项目属于二级安全级别，最后综合各项情况给出分值。

对于施工环境，该项目地段属于低山丘陵，施工时段为雨季，面状侵蚀和降雨溅蚀严重，对坡面有侵蚀冲刷作用，地下水易从边坡坡脚渗出，施工环境相对不稳定，还存在临水临空施工情况，基于这些客观的情况，再对比案例库中的情况，系统打出 64 分。

对这些指标的分值进行归一化处理，如表 7-3 所示。

表 7-3　打分结果

C11	C12	C13	C21	C22	C23	C31	C32	C33	C41	C42
0.865	0.84	0.783	1	0.88	0.789	0.765	1	0.83	0.394	0.64

从上面的论述和分析可知，通过信息化系统我们可以更加便捷地获取评估数据，同时系统的设计一般是交互式的，系统可以直接给出结果，也可以只给出评估的依据信息，或者是给出几个结果，然后由相关方面的专家对这些结果或者数据进行评判，给出既结合了专家经验又不完全受主观影响的最后的科学决定，因此这样的设计是符合专家的要求的，并且能综合主观实践经验和客观科学依据，能够满足实际需要。

第八章 水利工程安全管理体系及成熟度评估

第一节 水利工程建设安全事故诱因辨识及关联性分析

一、水利工程建设安全生产目标下事故诱因的辨识

水利工程安全生产是指将国家的法律、法规、行业技术标准和施工企业的标准和制度作为基本依据，采取各种管理方式，对水利工程生产的安全状况实施的有效的管理控制，主要包括管理者对安全生产建章建制、组织、计划、协调的一系列活动。其目的是保护施工人员在生产过程中的生命财产安全。

（一）水利工程建设安全生产的特点

水利工程项目主要位于地形条件复杂、地质状况多变的偏远深山峡谷之中，建设规模往往比较大，然而建设工程施工现场狭窄，主要工作都处于室外，受外界气候环境影响大。其安全生产有如下六个特点。

（1）多参建工种的存在以及其相互之间存在制约或者影响，使得安全管理的难度较大。

（2）建设现场的各种不安全因素复杂多变。建设工程一般由多个部分组

147

成，建设范围广、强度大、不可预见性因素多，受外在环境因素影响大。

（3）建设的多样性决定了工程所面临的安全事故诱发因素各不相同。不同工程的建设，其管理方式、施工工艺、生产环境都有差异，这使得不同的建设项目面临的问题各不相同。

（4）水利工程建设项目部与建设管理单位或者投资者分离。各类规章制度和安全措施通常都是通过文件、会议的方式传达下去，管理单位不常去建设现场，导致这些制度落实不到位。

（5）只注重目标，忽视重要过程。好多水利工程建设只求结果不求过程，忽视建设当中存在的问题，安全费用没能够专款专用。而建设安全管理主要是对建设的整个过程的管理。

（6）施工过程交叉错杂。水利工程建设往往需要很多不同的工种，经常在同一个地方同时作业，协调问题很重要，些许的配合不当都将导致事故发生。

（二）水利工程建设安全生产的研究对象

1.以人为对象

人是安全管理最主要的对象，人是安全管理的核心，各种作业的参与人员在建设过程中必须保证自身和他人的安全。在整个施工过程中，应把建设安全生产的具体措施落实到最基层的作业生产班组，最后由具体的施工作业人员去执行。

2.以物为对象

物是安全生产的基本材料，物的安全是管理的基础。建设工程施工的物有两类：一类是施工材料，其经过加工成为建筑工程的组成部分；另一类是为了完成建筑项目，保证项目能顺利完成的安全措施、施工机械和附属结构等。

3.以环境为对象

施工现场环境与安全生产表面上没有直接联系，但是环境的改变（温变、降雨、蓄水）往往会对安全生产产生重要的影响：延误工期，造成损失等。因此，在施工生产过程中，要随时注意外在环境的改变给建设安全生产带来的影响，采取必要的措施，降低环境造成的损失。

（三）水利工程建设危险源分类

水利工程建设危险源是指可能引起伤亡、财产及物质损失以及环境破坏等的影响因素。水利工程建设是一个复杂的系统工程，需要多团队多工种交叉进行，这就造成安全管理的广泛性，需要从各层次、各阶段全面管理。造成水利工程建设安全事故的主要原因是管理出现漏洞，表现为规章制度不够全面、安全措施缺失、安全制度执行不到位等。在水利工程建设领域，危险源是以各种各样的形式存在的，根据其对建设过程产生的影响，可以把危险源分为两大类：

1.第一类危险源

水利工程建设中可能引起建设出现安全事故的物质被称为第一类危险源。第一类危险源包括动能、势能、电能、热能、化学能、光能、声能等。第一类危险源所指的物质有易燃易爆、有毒有害物质等。

2.第二类危险源

第二类危险源是指那些使对第一类危险源进行约束或者控制的措施失效或者遭到破坏的物质。水利工程施工时，第一类危险源在受到约束控制的时候能量不会释放，故不会造成事故发生，当这些危险源不受约束或者控制时，将会造成安全事故。

水利工程建设事故的出现和发展是这两类危险源共同作用的结果。第一类危险源是事故发生的先决条件，它决定安全事故造成损害的程度。所以，在水利工程建设安全管理中，应通过控制或者避免第一类危险源的出现，从源头上限制诱发因素，然后再加强对第二类危险源的防范措施。

二、基于解释结构模型技术的生产安全诸要素关联性分析

水利工程建设安全管理贯穿于水利工程建设的各个阶段，主要包括可行性研究阶段、项目初步设计阶段、准备阶段、生产阶段、竣工验收。同时，水利工程建设安全管理系统由多个要素组成，各要素之间相互影响，但是各个要素之间的相互作用关系又显得模糊不清。因此，需要对水利工程建设安全管理系统框架进行分析，解析结构层次，让系统要素之间的关系更加清晰。系统结构模型化技术包括静态结构模型（解释结构模型化技术和关联树法）和动态结构模型（系统动力学机构模型化方法）。本节利用静态结构模型的解释结构模型化技术对水利工程建设安全管理系统进行分析，使系统结构层次变得清晰直观。

（一）水利工程建设安全管理系统解释结构模型

1.水利工程建设事故原因分析
（1）水利工程建设安全事故特点

根据对某大型水利工程施工企业事故的调查，利用数理统计的方法，对2005~2014年十年来发生的 12 162 起事故的类别、原因、发生的部位等进行统计分析，得到在水利工程建设中事故伤亡比例，见图8-1。

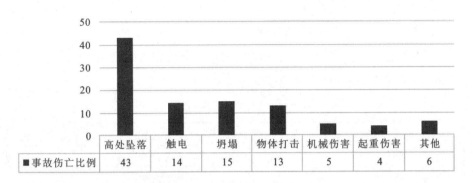

図 8-1　水利工程建设中事故伤亡比例

这些类型的事故具有以下特点：

①发生概率高、损失大、高危因素集中。通过对事故的分析和总结，这些事故主要形式为机械伤害、高处坠落、物体打击。②受伤的主要是文化水平相对较低、工作经验不足的人。③事故造成的伤害大，损失大。④特种作业者发生事故的概率大。⑤施工技术人员、现场安全管理人员受伤的比率增大。

（2）管理要素分析

①组织管理类要素。这类要素包括的内容比较多，主要有：项目法人的管理方式、发包方式、合同类型、各参建单位的管理方式等。如项目法人的管理方式包括自主管理、委托管理和代建管理。选择不同的管理方式，其管理思想、安全责任以及安全费用都有很大的差异。

②安全制度类要素。这类要素包括：制度缺失、制度不健全、制度不合理。

③安全计划类要素。这类要素包括：施工场地安排不当、对危险源的认识不到位、关于危险作业的专项预案不健全等。

④现场安全管理类要素。这类要素包括：现场安全管理错误、交叉作业配合有问题、施工混乱等。

⑤安全技术类要素。这类要素包括：专项作业不合格、安全技术措施不合理。

⑥安全保障类要素。这类要素包括：安全费用投入不足、安全培训缺失等。

⑦环境类要素。这类要素包括：气候多变、严寒高温、降雨等。

2.水利工程安全管理系统要素

笔者根据对水利工程安全事故诱发因素的分析和查阅相关管理方面资料，得到水利工程安全管理要素有 18 项，见表 8-1。

表 8-1　水利工程建设安全管理系统要素表

要素名称	要素代码	要素名称	要素代码
组织管理	V_1	安全控制	V_{10}
业主组织机构	V_2	安全检查监测	V_{11}
承包商组织机构	V_3	安全行为控制	V_{12}
监理组织机构	V_4	安全保障	V_{13}
安全计划	V_5	安全设施设备	V_{14}
安全技术措施计划	V_6	安全技术保障措施	V_{15}
专项安全技术措施	V_7	规章制度	V_{16}
安全施工布置	V_8	安全培训与宣传	V_{17}
事故救援预案	V_9	安全监督	V_{18}

（二）建立邻接矩阵

根据表 8-1 中的各要素，建立邻接矩阵 A，1 表示存在影响或者包含关系，0 表示不存在相互关系。矩阵 A 如图 8-2 所示：

	V1	V2	V3	V4	V5	V6	V7	V8	V9	V10	V11	V12	V13	V14	V15	V16	V17	V18
V1	0	1	1	1	1	0	0	0	0	1	0	0	1	0	0	0	0	0
V2	0	0	0	1	0	1	0	0	1	0	1	1	0	1	1	1	1	0
V3	0	0	0	1	0	1	0	0	1	0	1	1	0	1	1	1	1	0
V4	0	0	0	0	0	1	0	0	1	0	1	1	0	1	1	1	1	0
V5	0	0	0	0	0	1	0	0	1	1	0	0	1	0	0	0	0	0
V6	0	0	0	0	0	0	0	0	1	1	1	0	1	1	1	1	1	0
V7	0	0	0	0	0	0	1	0	0	0	0	0	0	0	0	0	1	0
V8	0	0	0	0	0	0	1	0	0	0	0	0	0	0	0	0	0	0
V9	0	0	0	0	0	0	0	0	0	1	1	0	1	1	0	0	0	0
V10	0	0	0	0	1	0	0	0	0	0	1	1	0	0	0	0	0	0
V11	0	0	0	0	0	1	0	0	1	0	0	0	0	0	0	0	0	0
V12	0	0	0	0	0	0	0	0	1	0	0	0	0	0	0	0	0	0
V13	0	0	0	0	1	0	0	0	0	0	1	0	0	1	1	0	0	1
V14	0	0	0	0	0	0	0	0	1	0	0	0	0	0	0	0	0	0
V15	0	0	0	0	0	0	0	0	1	0	1	1	0	1	0	0	0	0
V16	0	0	0	0	0	0	0	0	0	0	0	0	0	0	0	0	1	0
V17	0	0	0	0	0	0	0	0	0	0	0	0	0	0	0	0	0	0
V18	0	1	1	1	0	1	0	0	1	0	1	1	0	1	1	0	0	0

图 8-2 邻接矩阵 A

（三）可达矩阵运算

通过 MATLAB（美国 MathWorks 公司出品的商业数学软件）对矩阵 A 运算可得到结果为：

$$(A+I) \neq (A+I)^2 \neq (A+I)^3 \neq (A+I)^4 \neq (A+I)^5$$

则矩阵 $(A+I)^4$ 为安全管理系统的可达矩阵，即表示安全管理系统所有要素之间存在着相互关系，可以通过建立一个安全管理系统对建设工程进行管理。矩阵 M 如图 8-3 所示：

$$
\begin{array}{c}
\quad\; V_1\; V_2\; V_3\; V_4\; V_5\; V_6\; V_7\; V_8\; V_9\; V_{10}\; V_{11}\; V_{12}\; V_{13}\; V_{14}\; V_{15}\; V_{16}\; V_{17}\; V_{18} \\
\begin{array}{c}
V_1 \\ V_2 \\ V_3 \\ V_4 \\ V_5 \\ V_6 \\ V_7 \\ V_8 \\ V_9 \\ V_{10} \\ V_{11} \\ V_{12} \\ V_{13} \\ V_{14} \\ V_{15} \\ V_{16} \\ V_{17} \\ V_{18}
\end{array}
\left[
\begin{array}{cccccccccccccccccc}
1 & 1 & 1 & 1 & 1 & 1 & 1 & 1 & 1 & 1 & 1 & 1 & 1 & 1 & 1 & 1 & 1 & 1 \\
0 & 1 & 1 & 1 & 0 & 1 & 1 & 1 & 1 & 0 & 1 & 1 & 0 & 1 & 1 & 1 & 1 & 1 \\
0 & 1 & 1 & 1 & 0 & 1 & 1 & 1 & 1 & 0 & 1 & 1 & 0 & 1 & 1 & 1 & 1 & 1 \\
0 & 1 & 1 & 1 & 0 & 1 & 1 & 1 & 1 & 0 & 1 & 1 & 0 & 1 & 1 & 1 & 1 & 1 \\
0 & 1 & 1 & 1 & 1 & 1 & 1 & 1 & 1 & 1 & 1 & 1 & 1 & 1 & 1 & 1 & 1 & 1 \\
0 & 1 & 1 & 1 & 0 & 1 & 1 & 1 & 1 & 0 & 1 & 1 & 0 & 1 & 1 & 1 & 1 & 1 \\
0 & 0 & 0 & 0 & 0 & 0 & 1 & 1 & 0 & 0 & 0 & 0 & 0 & 0 & 0 & 0 & 1 & 0 \\
0 & 0 & 0 & 0 & 0 & 0 & 1 & 1 & 0 & 0 & 0 & 0 & 0 & 0 & 0 & 0 & 1 & 0 \\
0 & 1 & 1 & 1 & 0 & 1 & 1 & 1 & 1 & 0 & 1 & 1 & 0 & 1 & 1 & 1 & 1 & 1 \\
0 & 1 & 1 & 1 & 1 & 1 & 1 & 1 & 1 & 1 & 1 & 1 & 1 & 1 & 1 & 1 & 1 & 1 \\
0 & 1 & 1 & 1 & 0 & 1 & 1 & 1 & 1 & 0 & 1 & 1 & 0 & 1 & 1 & 1 & 1 & 1 \\
0 & 1 & 1 & 1 & 0 & 0 & 1 & 1 & 1 & 0 & 1 & 1 & 0 & 1 & 1 & 1 & 1 & 1 \\
0 & 1 & 1 & 1 & 1 & 1 & 1 & 1 & 1 & 1 & 1 & 1 & 1 & 1 & 1 & 1 & 1 & 1 \\
0 & 1 & 1 & 1 & 0 & 1 & 1 & 1 & 1 & 0 & 1 & 1 & 0 & 1 & 1 & 1 & 1 & 1 \\
0 & 1 & 1 & 1 & 0 & 1 & 1 & 1 & 0 & 0 & 1 & 1 & 0 & 1 & 1 & 1 & 1 & 1 \\
0 & 0 & 0 & 0 & 0 & 0 & 0 & 0 & 0 & 0 & 0 & 0 & 0 & 0 & 0 & 1 & 1 & 0 \\
0 & 0 & 0 & 0 & 0 & 0 & 0 & 0 & 0 & 0 & 0 & 0 & 0 & 0 & 0 & 0 & 1 & 0 \\
0 & 1 & 1 & 1 & 0 & 1 & 1 & 1 & 1 & 0 & 1 & 1 & 0 & 1 & 1 & 1 & 1 & 1
\end{array}
\right]
\end{array}
$$

图 8-3　矩阵 M

（四）可达矩阵的分解

对上面得到的可达矩阵 M 进行区域分解。为了使分解更加简洁清楚，把可达集、先行集和共同集列在同一个表上。

对可达矩阵的分解包括两部分：区域分解和层级分解。

（五）水利工程建设安全管理系统解释结构模型构建

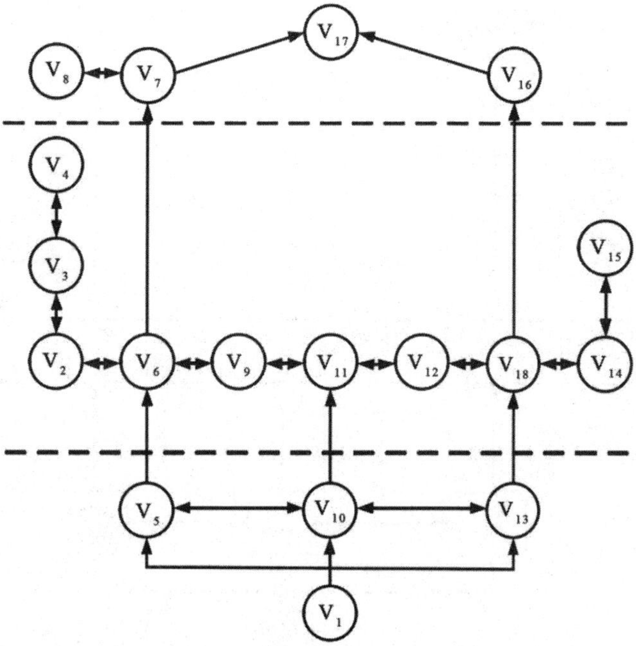

图 8-4 水利工程建设安全管理结构层次图

分析图 8-4 可知：水利工程建设安全管理系统结构分为三个层，第一层四个要素 V1、V5、V10、V13 与第二层的对应关系是包含，第二层的十个要素 V2、V3、V4、V6、V9、V11、V12、V14、V15、V18 与第三层的四个要素 V7、V8、V16、V17 也是包含关系；水利工程建设安全管理主要是根据上述的管理要素直接作用于事故诱发因素，使水利工程建设处于安全状态。根据图 8-4 结构层次图，构建水利工程建设安全管理系统，如图 8-5。

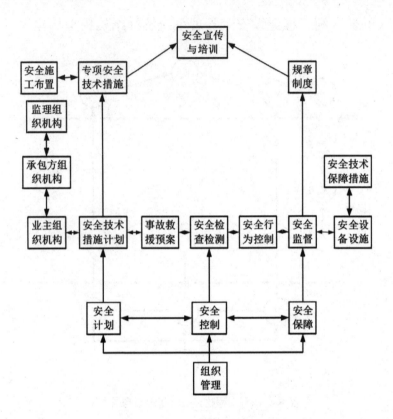

图 8-5　水利工程建设安全管理系统

第二节　水利工程建设安全管理
成熟度评估体系

一、水利工程建设安全管理多方行为机制

（一）项目法人管理方式

水利工程建设项目法人管理方式包括：自主管理、委托管理和代建管理三种方式。

自主管理指的是项目法人通过自身的能力对建设项目组织安排管理。通过建立自己的管理团队负责项目的实施，委托相关的监理单位对工程进行各方面的监督工作。

委托管理指的是项目法人根据自己的需要，把建设项目委托给相关的管理单位进行管理。委托管理有两种方式：一种是委托给有能力的建设单位对项目进行设计和施工管理。另一种是除了对项目管理，还让这个单位负责承建部分施工。

代建管理指的是把项目委托给别人负责。让有能力的公司负责整个工程的建设与管理。

上述三种项目法人管理方式的特点和适用性见表 8-2。

表 8-2　项目法人管理方式的特点和适用性

项目法人管理方式	特点	适用性
自主管理	1.项目法人自行管理，管理量大； 2.对建设管理比较深入； 3.对建设目标掌控性强； 4.建设项目浪费相对较少； 5.项目法人拥有绝对的决策权。	1.项目法人管理能力强； 2.大型项目，工期长，投资大。
委托管理	1.项目法人管理工作量小； 2.对项目管理少； 3.对工程的控制减少； 4.受委托单位负责工程的建设管理，不能够单独承担责任。	1.项目法人管理能力一般； 2.常用于大型复杂的建设项目。
代建管理	1.代建单位对建设项目具有法人地位； 2.在一定的范围内对项目的投资具有支配权。	主要适用于政府建设项目、公益性的项目。

（二）发包方式

自 20 世纪 80 年代初以来，中国建设组织管理逐渐走向规范化，对五十万以上的建设项目实行全面的招标方式。通过学习国外成熟的发包模式，并结合国内建设的基本情况，经过探索实践形成一些完善的发包方式。目前，水利工程建设常用的发包方式有：DBB 发包方式、工程项目总承包方式。工程项目总承包方式又包括 DB、EPC、GC 等发包方式。

1.DBB 发包方式

即工程项目设计—招标—建造一体的方式，这也是水利工程建设应用最为广泛的发包方式。通过可行性验证之后，对工程进行一系列的计划，当项目达到招标的条件后，通过邀请招标或者公开招标的方式向有资质的公司招标。在DBB 模式下，项目法人可根据工程规模、工程内在联系和专业分工等情况，委托一家或几家监理公司对工程施工或设备制造进行监督和管理。

2.DB 发包方式

即设计—施工总承包，业主通过一定的方式与其他公司约定一个管理方式，并且该公司负责整个工程的设计与施工。这种投标可以是一家公司，也可以是几家公司组成的联合体。项目法人通常是先选择相应的咨询单位和设计单位。然后，通过招标来选择 DB 承包商。

3.EPC 发包方式

是指受业主委托，按照合同条例对建设项目的设计、采购、施工等全过程或若干阶段的承包。承包单位在总价合同的情况下，对其所承建的工程安全、进度、质量负责。

4.GC 发包方式

是指承包商依据合同要求，完成工程项目全部施工任务，对工程的施工承担责任。GC 发包方式要求承包商要承担对工程施工的主要任务。如果需要将部分工程转包或者直接分包给别的单位，必须先与项目经理协商。

（三）合同类型

水利工程建设合同常用的类型有两种：根据价格建立的合同和根据成本建立的合同。运用最为广泛的是单价合同、总价合同及成本加固定费用（酬金）合同。

1.单价合同

指的是工程项目各类价格固定，合同中的工程量是根据预算得到的参考量，结算的时候是根据竣工图的工程量计算。中国水利工程建设单价合同规定，根据市场价格的波动，承包商的单价可以在一定范围内波动。

2.总价合同

是指根据合同规定的工程施工内容和有关条件，业主应付给承包商的款额是一个规定的金额，即明确的总价。总价合同也称总价包干合同，即根据施工招标时的要求和条件，当施工内容和有关条件不发生变化时，业主付给承包商的价款总额就不发生变化。

3.成本加固定费用（酬金）合同

是由业主向承包人支付工程项目的实际成本，并按事先约定的某一种方式支付酬金的合同类型。即工程最终合同价格按承包商的实际成本加一定比例的酬金计算，而在合同签订时不能确定一个具体的合同价格，只能确定酬金的比例。其中酬金由管理费、利润及奖金组成。

（四）施工单位组织管理

施工单位组织管理方式亦称施工组织结构的方式，是指施工单位如何去解决层次、跨度、部门设置和上下级关系。施工单位组织管理方式与水利工程建设安全管理的成熟度是密切相关的。施工单位组织管理方式有如下几种：

1.依次施工组织管理方式

依次施工组织管理方式是应用最早、管理简单的施工管理方式。该方式是将水利工程建设项目按照施工的前后顺序施工，前一个施工过程完工后下一个才能开始施工。这种施工组织的特点是：没有利用施工场地大的优点，施工工期长；不方便施工队连续作业；一次性投入的资源少，利于组织工作的管理和避免资源浪费。

2.平行施工组织管理方式

平行施工组织是指在建设工程任务紧迫、工作场地足够大的情况下，组织几个相同的工作队，针对不同场地内的任务同时进行施工。这种施工组织的特点是：充分利用施工的工作面，在合理管理的情况下缩短工期；工作队之间的进度形成一个对比，有利于施工质量和效率的提高；相同的时间内投入的人力物力增加，施工现场的组织管理更复杂。

3.流水施工组织管理方式

流水施工组织管理方式是将水利工程建设项目划分成工作内容相同的分

部、分项工程，然后将各个分部划分成各个施工层，建立对应的工作队。不同的工作队相互协调，连接紧凑。这样工程建设在施工过程中能充分利用时间和空间，使工程进度加快。这种施工组织管理的特点是：有效地利用工作场地，大大缩短了工期；工作队能够专业化施工，提高工程质量；在施工期间的资源投入比较均衡，资源浪费较少；工程投入的人力物力很大，对施工组织管理要求很高。

（五）监理单位组织管理

建设监理包括政府监理和社会监理。政府监理包含在政府建设管理的范畴内，其主要是制定相关的法律法规。社会监理是指独立且专业化的社会监理单位接受业主委托和授权，对工程项目进行全方位或者部分阶段的监督管理。建设监理的组织形式有以下几点：

1.直线型监理组织管理

这种管理方式是各种职位按直线排列，总监理工程师对整个工程项目的计划、安排负责，并且协调整个项目的各方面工作。这种管理方式所设立的机构相对简单，职责分明，隶属关系非常明确。但是需要总监理工程师非常熟悉各方面业务，通晓多项技术。

2.职能型监理组织管理

职能型监理组织管理方式就是在总监理工程师下设立相关部门，从不同的监管角度对工程项目进行管理，这种管理方式是总监理工程师在其主管范围内，向下面的职能部门传达工作指示和安排。

3.直线职能型监理组织管理

这是吸取直线型组织管理与职能型组织管理的长处而构成的组织管理方法。这种组织形式的特点是领导集中、职责清楚、办事效率高。

4.矩阵型监理组织管理

矩阵型监理组织管理是由纵横两套管理系统组成的管理方式，一项是横向的项目管理子系统,一项是纵向职能系统,如图 8-6 所示。这种管理方法加强了各个职能部门之间的联系,对实际工程的适应性强,有利于监理人员管理之间相互交流。

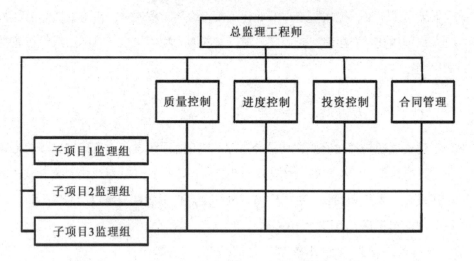

图 8-6　矩阵型监理组织管理方式

二、多方协同驱动的建设安全管理组织方法

(一)水利工程建设安全组织管理方式的组合

水利工程建设组织管理是多方协同驱动的组织管理,不同项目法人管理方式、发包方式、合同类型交叉组合构成的管理方式对工程的影响各不相同。本节就项目法人管理方式、发包方式和合同类型进行分析。表 8-3 中列出了水利工程建设组织管理的 6 种组合方案。

表 8-3　组织管理方案组合

项目法人管理方式	方案编号	发包方式				合同类型		
		DBB	DB	GC	EPC	单价合同	总价合同	成本加固定费用合同
自主管理（委托管理/代建管理）	1	√				√		
	2	√					√	
	3		√					√
	4			√			√	
	5			√				√
	6				√			√

（二）项目法人和发包方式、合同类型指标的确定

1.项目法人管理方式选择评价指标体系。根据项目管理方式的一些管理方法和总结相关的实践经验，列出对项目法人管理方式有影响的各种因素，并考虑实际工程建设的相关情况。本节构建项目法人管理方式选择评价指标体系，如图 8-7。

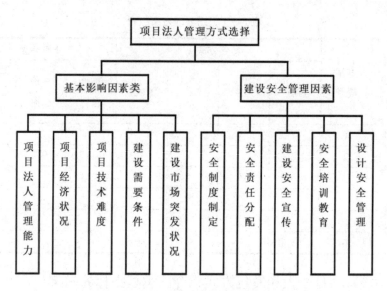

图 8-7   项目法人管理方式选择评估指标体系

2.发包方式、合同类型组合匹配方案选择的评价指标体系。根据现有研究成果，列举对发包方式、合同类型的选择有影响的因素。本节提出基于建设安全的发包方式、合同类型组合匹配方案选择评价指标体系，如图 8-8。

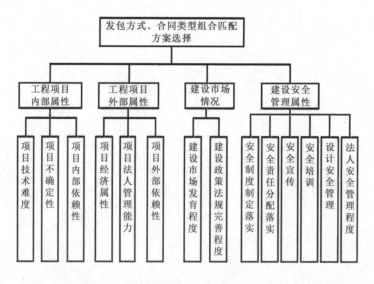

图 8-8   发包方式、合同类型组合匹配方案选择的评估指标体系

第三节　水利工程建设项目
安全应急综合管理

一、水利工程建设项目施工特点及风险分析

（一）水利工程建设项目施工特点

1.施工生产特点

水利工程项目建设的施工生产具有以下特点：

（1）施工环境相对较差

从地理环境上来看，水利工程施工地区多地质条件复杂，滑坡、泥石流等地质灾害易发、多发，另外水利工程项目建设施工过程受降雨、降雪、降温等天气影响较大。

（2）交通不便

水利工程受地质地形以及经济发展滞后、建设成本高等客观条件的限制，道路、桥梁等基础对外交通设施建设相对滞后，对外交通条件相对较差。

（3）建筑物种类繁多

水利工程项目建筑物种类繁多，如挡水建筑物、泄水建筑物、进水口、引水隧洞、厂房、升压站等，在施工过程中潜藏着不同的安全隐患。

（4）施工人员密集

水利工程项目建设施工属于劳动密集型产业，从前期准备、建设施工到竣工验收，业主、监理、施工方、政府及其他相关单位众多，人员都要参与其中。由于受地理环境等自然条件以及便于施工、节约成本等现实条件的影响，施工场地、参建人员生活营地布置往往十分集中，人员较密集。另外，施工人员中

有部分未接受过安全教育与专业培训的农民工，安全知识缺乏，存在违规操作等不安全行为。

（5）生产规模大、周期长

水利工程施工规模巨大，施工过程中大中型机械设备较多。同时水利工程施工过程具有很强的连续性，工艺流程紧密连接，一旦中间环节发生故障，往往会影响到整个施工过程。另外，由于施工进度、施工计划及施工场地限制等原因，不同专业队伍施工时往往存在交叉作业。

2.突发事件特点

水利工程建设施工过程中的突发事件主要包括生产安全事故、环境污染和生态破坏事件、公共卫生事件以及社会安全事件，具有如下特点：

（1）诱发因素多且复杂

工程项目建设施工环境的复杂特点决定了突发事件的诱发因素包括：高空坠落、机械伤害、坍塌事故、违章操作、指挥不当、违反规章制度、溺水、洪水、滑坡、泥石流、石块高空滑落撞击、地震等。以上诱发因素类型多且复杂，另外，各因素在项目建设过程中相互影响、不断变化、难以预测，易引发各类突发事件。

（2）风险控制费用较高

水利工程项目建设过程是一个"人、机、环、管"相互作用、相互影响、相互制约的复杂系统，系统规模巨大，涉及范围广，危险因素多，可能引发的事故种类较多，通常情况下难以及时发现事故发生的征兆。因此，为了有效地预防各类突发事件，需要建立完善的应急管理系统，实时监测监控各类危险因素，及时发现各类突发事件的征兆。然而，水利工程项目建设规模大，涉及范围广且复杂，建立完善的应急管理系统需要消耗大量的资源，预防成本相对较高。

（3）影响范围大，后果严重

因其施工规模大，参建单位多，施工场地人员密集，大型机械设备频繁交叉作业，一旦发生突发事件，不同施工队伍、不同工种之间可能相互影响导致短时间内人员疏散、撤退困难，如果不能及时有效地处置突发事件，可能引发二次事件或衍生事件，导致场面一度混乱与冲突，影响范围扩大，可能造成群死群伤的灾难性后果。

（4）阻碍项目顺利进行

该工程突发事件的发生，一方面会造成一定程度的人员伤亡和财产损失，更重要的是会打乱现场施工秩序、施工计划、进度等，会导致工程限期整改、停工整改等一系列整改自纠问题，改变工程施工计划，必然会影响施工正常进度安排，最终将影响工程项目目标的顺利实现。

综上分析，水利工程施工规模大、施工环境恶劣，一旦发生突发事件后果严重。但目前存在应急管理责任体系不清晰，应急预案操作性差，应急效率较低，资源不共享等问题，极大地影响了安全应急效率。

（二）水利工程建设项目风险分析

1.风险辨识

风险辨识主要以项目施工工序及作业内容为基本单元，识别项目施工全过程的危险源，分析本工程施工期可能存在的安全风险因素以及可能发生的突发事件类型及后果。

（1）风险辨识范围

①施工场所范围内的所有活动；②所有进入施工场所的人员的活动，包括全项目部管理和工作过程中所有人员的活动、外来人员的活动；③施工场所内的设施（建筑物、设备、物资等），无论由本单位或外界提供。

（2）风险辨识方法

通过查阅有关记录、现有资料分析、现场勘查、专家访谈、询问工作人员、交谈和预先危险性分析等方法进行风险辨识。

（3）危险性分析

①火灾及爆炸危险分析。

水利工程项目石方开挖总量约为千万立方米，施工过程中需要炸药、雷管等火工材料及油料，若对特种仓库（主要为炸药、雷管、油库等）的布置、分区和易燃易爆物质的运输、存放和使用管理不当，均有可能引起火灾爆炸事故，造成人员伤亡和财产损失。另外，储油库中油的泄漏也可引起火灾和爆炸事故。

②交通运输危险分析。

水利工程项目施工期外来物资总量约百万吨，外来物资运输以公路为主，以铁路、水运为辅。施工期间，场内各工区内部及工区间的交通采用公路运输。届时施工机械同时工作，且人员流动频繁，如果对车辆管理、保养不善，驾驶员违反交通法规，就有可能造成人员伤亡。

③电气伤害危险分析。

在施工过程中，为了施工的需要，需设置施工供配电设备并架设大量的电力电缆，以及用电设备等；这些设备、电缆大多是临时设施，如果防护措施不合理，造成漏电或触电，就有可能造成人员伤亡。

④边坡失稳危险分析。

上、下水库进出口边坡开挖边坡，边坡较高，如果施工程序不当或者施工临时支护不及时、支护参数不合理及强暴雨洪水等因素都可能引起塌方或滑坡，造成人员伤亡和设备受损。

⑤高处坠落危险分析。

施工区内存在的各种洞、孔，如竖井、桩孔、人孔、沟槽及管道孔洞等极易发生人员坠落和物件坠落伤人事故。登高架设作业由于脚手架结构上缺陷或拆除失误，可能发生脚手杆、板高处坠落，甚至发生脚手架局部或整体垮塌。施工中高处焊接作业较多，除可能发生人员或物件直接从高处坠落的危险，还可能发生因触电失稳导致坠落的二次事故。

⑥焊接伤害危险分析。

施工期间的焊接作业，若管理不善或施工人员违章操作等，易发生电气火灾、爆炸和灼伤事故。焊接操作人员若不佩戴相应的防护用品，焊接电弧光辐射会引起眼睛和皮肤疾病，焊接中产生的烟尘与有毒气体可能会导致操作人员急性中毒或引发尘肺职业病。另外，焊接作业时还可能因焊接质量不合格或误操作等引发机械伤害事故。

⑦机械伤害危险分析。

施工期间使用大量的机械设备，许多施工机械及加工设备的传动与转动部件部分甚至全部裸露在外，施工管理不善或施工人员违章作业均可能引起机械伤害。工地上大型、高空施工机械较多，如不注意维护和防护，可能会发生较大的伤害事故。另外，施工中使用的升降机械由于安全保护装置不全，常常易发生卷扬机过卷、断绳失控事故，造成人员伤亡或设备损失。

⑧施工期洪水危险分析。

施工期可能遭遇洪水，导致围堰坍塌，应引起重视。此外，汛期施工时如突降特大暴雨，施工围堰设计洪水标高不够，防洪措施不完善等，均有可能导致围堰漫顶、倒塌，水淹基坑，造成人员伤亡和财产损失。

⑨安全标志缺陷。

在施工期间若安全标志设置不齐全或安全标志存在缺陷，可能导致触电、火灾、爆炸、坠落、交通事故等危害的发生，将威胁到施工区人员和设备设施的安全，影响电站的施工进度。

⑩施工期粉尘危险性分析。

影响施工人员人身安全和身体健康的因素主要有噪声、粉尘危害（尤其是地下洞室开挖粉尘）、潮湿、洞内缺氧或空气不良、排风、排烟不畅导致作业人员呼吸困难等。洞内开挖、爆破施工过程中，如果通风不良，很容易产生有毒有害气体并进行聚集，有可能造成人员缺氧窒息；若因施工作业而产生的易燃易爆气体聚集，还存在着爆炸的危险。另外，拌和系统及砂石料生产、破碎过程中产生的噪声及粉尘均对人体健康产生危害。

⑪施工期有害气体危险性分析。

在水电站施工期，众多的机械设备与辅助施工系统运行，将产生大量的废气飘尘、炸药浓烟等有害气体。地下隧洞施工生产过程中常会遇到的有毒有害气体，如甲烷、一氧化碳、二氧化碳、二氧化硫、硫化氢、氧化氮、氢气等。如果施工期防护措施不到位，有害气体将直接影响到施工人员的人身安全。

⑫施工组织对施工安全的影响。

水电站一般具有施工单位多、施工机械化程度高、实行立体交叉作业的特点。而且，施工工厂、场地距离厂房较远，施工地形条件较差等，使施工管理具有很大的复杂性。因此，在工程施工期，如果各施工单位之间的组织协调工作没做好，施工安全管理不力，安全规章制度和措施不落实，安全投入不足等，均易发生各种事故，造成人员伤亡和财产损失，影响工期。

另外，水电站施工活动复杂、人员集中、习惯有别，若施工人员的饮食与住宿区卫生管理不善，有可能发生群体性卫生安全事故，甚至暴发传染病等。此外，临时工棚因质量问题或自然灾害易发生坍塌事故、火灾事故。

2.风险评估

风险评估主要是对项目施工全过程、全周期内可能存在的风险进行风险程度和风险等级的评估。在风险辨识的基础上，对辨识出的风险进行分类梳理，参照相关规定，综合考虑起因物、致害物、伤害方式等，确定风险类别。通过确定风险类别、风险导致事故的条件、突发事件发生的可能性和事故后果严重程度，从概率估计和损失或不利后果分析两个方面进行风险评估，确定风险大小和等级。

（1）风险评估方法

风险评估方法总体上分为两类，一类是定量的，一类是定性的。根据工程的具体条件和需要，针对评估对象的实际情况和评估目标，选取适当的评估方法。水利工程施工安全风险是指在水利工程施工作业中对某种可预见的风险情况发生的可能性、后果严重程度和事故发生的频度三个指标的综合描述。风险评估方法选用作业条件危险性分析方法（即 LEC 法），风险值 D 如下式所示。

$$D = L \times E \times C$$

式中：L 表示发生事故的可能性大小；E 表示人体暴露在这种危险环境中的频繁程度；C 表示一旦发生事故会造成的损失后果。

L、E、C 取值及风险值 D 与风险等级关系表如下：

①发生事故或风险事件的可能性（L）如表 8-4 所示。

表 8-4　发生事故或风险事件的可能性（L）

分数值	发生的可能性
10	可能性很大
6	可能性比较大
3	可能但不经常
1	可能性小，完全意外
0.5	基本不可能，但可以设想
0.2	极不可能
0.1	实际不可能

②风险事件出现的频率程度（E）如表 8-5 所示。

表 8-5　风险事件出现的频率程度（E）

分数值	风险事件出现的频率程度
10	连续
6	每天工作时间
3	每周一次
2	每月一次
1	每年几次
0.5	极为罕见

③发生风险事件产生的后果（C）如表8-6所示。

表8-6 发生风险事件产生的后果（C）

分数值	发生事故可能产生的后果
100	大灾难，无法承受损失
40	灾难，几乎无法承受损失
15	非常严重，非常重大损失
7	重大损失
3	较大损失
1	一般损失
0.5	轻微损失

④风险值D与风险等级关系表如表8-7所示。

表8-7 风险值D与风险等级关系表

风险值 D	风险程度	风险等级
>320	风险极大，应采取相应措施降低风险等级，否则必须停止作业	5
160～320	高度风险，应制定专项施工安全方案和控制措施，作业前严格检查，作业过程中要严格监测	4
70～160	显著风险，制定专项控制措施，作业前要严格检查，作业过程中要有专人监护	3
20～70	一般风险，需要注意	2
<20	稍有风险，但可能接受	1

备注：风险值D越大，说明该系统危险性越大，需要加强安全防护措施，或调节L或E或C，直至调整到允许范围内。风险等级根据风险值的大小确定，风险等级可根据水利工程实际情况进行动态调整。

⑤针对水利工程建设过程中风险因素分析，对施工作业过程中存在的安全风险进行 LEC 安全风险评价，确定风险 D 值，制定和实施消除、降低、控制风险的有效措施。

（2）风险等级划分

①依据《国务院安委会办公室关于印发标本兼治遏制重特大事故工作指南的通知》（安委办〔2016〕3号），安全风险分为"红、橙、黄、蓝"（红色为安全风险最高级）4个等级。

②综上所述，水利工程施工安全风险等级划分如表8-8所示。

表8-8　水利工程施工安全风险等级划分表

风险等级	风险程度	风险描述	风险色
一级	稍有风险	指作业过程存在较低的安全风险，不加控制可能发生轻伤及以下事件的施工作业	蓝色
二级	一般风险	指作业过程存在一定的安全风险，不加控制可能发生人身轻伤事故的施工作业	黄色
三级	显著风险	指作业过程存在较高的安全风险，不加控制可能发生人身重伤或死亡事故，或者可能发生七级电网事件的施工作业	橙色
四级	高度风险	指作业过程存在很高的安全风险，不加控制容易发生人身死亡事故，或者可能发生六级电网事件的施工作业	红色

综合以上风险分析方法，根据水利工程的施工环境及施工特点，对施工全过程中可能导致突发事件发生的危险源、隐患、风险等进行有效辨识和评估，确定各类风险的危害程度及等级，为安全应急综合管理平台提供尽可能详细、准确的资料，预防事故发生，提高应急管理能力。

（三）风险管理流程

根据水利工程项目建设的组织机构、项目施工特点及施工工艺流程，确定水利工程施工安全风险管理流程。

安全风险管理工作涉及水利工程项目建设的全过程，包括工程开工前、施工作业前、施工作业中及最后的施工考核阶段。根据前期各类风险的危害程度及等级划分，建立风险管理数据库，并确定水利工程项目建设每一阶段的风险管理流程，严格按照规章制度进行全员安全风险交底，配合各级管理人员的到岗到位监督检查及风险等级审查、复测、审核工作，直到整个工程建设完成并考核结束。

二、水利工程建设项目应急管理分析

（一）应急管理需求分析

通过对水利工程的突发事件及危险性分析，明确水利工程的应急管理包含的内容繁多复杂。一旦发生突发事件，应急过程涉及的人员、部门等资源较多，对于事件处置及救援来说，时间是关键。最佳的处置救援时间很短暂，仅仅依靠传统的应急处置及救援方式会错失最佳时间。如何以最快的速度、最高的效率、最合适的方法处置各类突发事件是应急管理急需解决的一个问题。

1.信息传递

水利工程突发事件的应急救援是一个多方主体共同协作的过程，是一个涉及各部门、社会、政府资源等多方因素的复杂的系统问题。水利工程项目建设过程中，危险有害因素较多，各类突发事件时有发生，施工人员密集，参与单位多，无论是通知预警还是组织撤离都是传统应急面临的问题。另外，突发事件信息传递往往比较缓慢，有时甚至出现信息变形和偏差，错误或缓慢的信息严重影响到对突发事件的判断及应急决策，无法在第一时间内有效地处置突发事件，使事态进一步恶化和扩散。应急救援注重时效性和准确性，及时有效处置可以避免事件发生或事态进一步扩大，但最佳处置救援时间短暂，且需要各类应急资源迅速到位展开救援，因此急需先进、系统的管理方法和工具辅助工程应急管理。

2.职责划分

目前，水利工程应急管理过程存在责任重叠、划分不清，相互推诿、相互依靠的现象。严格意义上来说，就是突发事件应对处置系统与行政管理系统从结构上来说不匹配，在应急管理应对的时候很容易出现权限不够或者权限不一致问题，这在很大程度上影响应急救援的效率。由于水利工程突发事件的复杂性，应将某些特定的职能和职责明确交给特定部门承担，以便形成统一领导，分工合作的高效应急管理。做到员工、部门职责明确，应急处置有条不紊，信息透明，全员参与应急，将进一步提高应急效率。

3.体系完善

应急管理的首要前提是构建完善的应急管理体系，从事前预防、应急准备、应急响应到后期处置，需要建立一整套系统的应急体系。针对不同类型的突发事件，制定合理的、详细可行的应急预案，另外，水利工程在公共资源、人力资源组织体系等多方面往往都存在着先天不足，因此除了充分利用内部的应急资源，在突发事件应急管理的各个阶段，应提前准备社会应急资源，保障应急救援的顺利开展。

应急管理的首要目标就是能够有效预防各类突发事件的发生和降低事件后果的严重程度，为了能够达到这一目的，构建符合水利工程建设项目特点及管理要求的安全应急管理综合服务平台是有必要的，有了这些应急平台系统，相关管理部门能够及时快速地对突发公共事件作出响应并提出相对完善的解决方案。在安全应急综合管理平台系统建设中使用多种通信手段，把各级的应急平台连接为一个可互相备份、安全无阻通行的应急通信网。因此，能够极大地缩短通知上报时间，联络方便，信息透明，可以及时了解和掌握突发事件发生发展状况，进行现场指挥决策和应急处置。

（二）应急管理建设内容

水利工程应急管理的对象是集自然、经济、社会和文化环境于一体，不断动态变化的开放的复杂系统。突发事件发生后,有效合理的应急管理有利于最大程度地减少突发事件造成的人员伤亡与财产损失。水利工程突发事件应急能力建设的根本目的是减少突发事件的发生以及减少突发事件造成的人员伤亡、财产损失、生态环境破坏。水利工程突发事件应急能力建设主要包括事故预防、应急准备、应急响应和后期处置4个阶段。各阶段相互影响、相互作用、相辅相成,共同构成水利工程应急管理的循环过程。

1.事前预防

水利工程事故预防能力建设指的是为防止突发事件发生,预先采取各种防护措施与方法。主要包括以下三个方面:

（1）技术装备水平

要提高突发事件的预防与应急能力,必须时刻监测施工过程及工作环境的变化。同时,对水利工程施工过程中的重大危险源、隐患等进行辨识与评估,采取必要措施预先处理,降低突发事件发生的可能性。

（2）组织协调能力

主要指在突发事件发生时,对应急人员、物资、装备等应急资源的调配、协调能力,迅速展开应急救援,即突发事件及冲突处理能力。

（3）监测监控能力

做好突发事件应急监测的布点与采样,配备相应的应急监测仪器,提高现场监测监控能力,根据可能导致事故发生的隐患,向相关部门发出预警信号,提前预防或消除突发事件发生。

2.应急准备

应急准备主要包括确定应急组织机构,落实相关部门和人员的责任,招募和培训应急救援队伍,编制和完善应急预案,与外部应急资源签订合作协议,充实应急物资与设备设施,进行全员应急宣传、培训,演练应急预案等,其目的是时刻保持突发事件应急救援所需的应急能力。

（1）通信与信息保障

应急响应过程中，相关人员必须坚守工作岗位，确保通信设备处于正常使用状态，并按规定程序及时、准确向有关负责人报送信息。另外，应急指挥中心应与政府监管部门或其他相关职能部门保持及时沟通，以便获得对救援工作的指导和帮助。

（2）应急队伍保障

根据项目建设单位的应急管理工作规定，定期开展群众性的应急培训和演练活动，并按照应急预案的有关规定成立应急工作小组，以及建立专家库与督促所属企业和专业救援队伍签订救援协议，明确其相应职责，必要时组织专业培训，提高其应急救援状态下的工作能力。

（3）医疗救护保障

项目建设单位应根据应急工作的实际需要，有计划地组织施工人员开展自救、互救（心肺复苏、人工呼吸等）基本技能的培训以及逃生等演练活动，必要时可以通过协议确定当地应急医疗救护资源，支援现场应急救治工作。

（4）应急物资和设备保障

项目建设单位应依据突发事件处置的实际需求，配备必要的应急救援装备或工具。另外，应结合各类安全检查活动督促所属企业充实救援物资、定期检修救援设备，并与社会救援力量保持有效的联系，必要时可通过协议确定社会应急救援资源，作为应急救援的必要补充。

3.应急响应

应急响应是在突发事件发生后立即采取的应急与救援行动，应急响应的步骤可分为接警、信息接报与研判、成立应急指挥中心、应急响应级别建议、应急启动、控制及救援行动、扩大应急、解除应急状态等步骤。

首先，事故现场相关人员对突发事件的严重程度、可控性、影响范围、事故性质以及可持续性等进行研判，对现场救援情况、应急资源调度情况、人员撤退情况进行了解，请求上级启动相应级别的应急响应，坚持"以人为本"的原则，尽最大的努力抢救伤员，尽可能将人员伤害与财产损失降到最小程度，防止事态进一步扩大；其次，如果现场相关人员及项目各参建单位的应急能力无法有效应对突发事件，就要启动扩大响应，请求当地安全监管部门及相关单位协同作战，共同应对突发事件。另外，启动相应级别响应时，应急人员立即到位，信息网络立即开通，充分调配应急资源，全力配合现场应急救援行动。行动过程中，若发现事态有扩大的趋势，应该果断采取扩大应急的措施，若事态仍然难以控制，则申请增援；若事态得到控制，则解除警戒，进行事故调查以及善后处理等应急恢复工作。

4.后期处置

（1）事故调查

应急响应工作结束后，项目建设单位应积极配合政府相关部门进行事故调查工作，调查事故原因、评估事故损失、恢复施工秩序等。若政府授权单位自行调查，依据项目建设工程的生产安全事故调查处理和监督管理规定开展调查工作。

（2）现场处置

事故调查取证工作结束后，项目建设单位应积极开展现场清理和恢复生产工作，首先要使施工现场恢复到相对稳定的状态，迅速开展善后处置工作。另外，在这期间要避免二次灾害或衍生灾害的发生。

（3）应急总结

应急处置工作结束后，项目建设单位应对应急救援的整个过程进行全面总结。根据事故的应急总结，对事故的应急救援工作进行全面评估，对相应的应急预案进行评审、修订，对不足的应急资源进行补充、完善，要细致深入地剖析应对过程中显现出来的应急能力不足之处，为后续应急能力的建设及应急工作的展开提供经验。

（三）应急管理服务内容

1.应急能力评估

对工程建设过程中的应急管理队伍、应急预案编制、应急装备物资、应急救援能力等进行全面分析和调查，评估应急能力，并依据评估结果，对相应的应急预案进行评审、修订，对短缺的应急资源进行补充，完善应急保障措施。

2.应急预案编制

（1）成立应急预案编制工作组

结合水利工程建设项目的实际情况，成立应急预案编制工作组，明确应急管理的组织机构、工作职责和任务分工，制定应急工作计划，组织开展应急预案编制工作。

（2）收集资料

收集与预案编制工作相关的法律法规、技术标准、应急预案、国内外同行业企业事故资料，同时收集水利工程的安全生产相关技术资料、周边环境影响、水文地质条件、应急资源等有关资料。

（3）编制应急预案

根据风险评估及应急能力评估结果，组织编制应急预案。

3.应急处置卡编制

在编制应急预案的基础上，针对施工场所、工种等特点，编制简单明了、通俗易懂、实用有效的应急处置卡。应急处置卡规定重点岗位、人员的应急处置流程、任务分工和处置措施，以及相关人员的通信联系方式，易于施工人员携带。

4.应急预案评审及备案

应急预案编制完成后，组织对应急预案进行评审。应急预案评审主要内容包括：基本要素的完整性、组织机构的合理性、应急处置流程和措施的针对性、应急保障措施的可行性、应急预案的衔接性等内容。应急预案评审合格后，由单位主要负责人签发公布并实施。

5.应急预案培训及演练

采取观看视频、PPT 汇报、多媒体展示、知识竞赛、3D 动态演练等多种形式展开应急预案的宣传教育，普及突发事件避险、撤离、自救和互救的基本知识，增强施工人员的安全意识，提高其应急处置技能。经常性地组织开展应急预案、应急知识、自救互救和避险逃生技能的培训活动，使相关人员了解应急预案内容，熟悉应急职责、应急处置流程和措施。

项目工程施工单位应将应急管理培训工作纳入年度安全生产教育培训计划，经常性组织落实各项培训工作（组织学习安全生产法律法规、学习安全技术装备的使用方法等），逐步提高其应急救援能力。制定应急预案演练计划，根据本工程突发事件的风险特点，每年至少组织一次综合应急预案演练或者专项应急预案演练，每半年至少组织一次现场处置方案演练。

根据突发事件的应急总结，对应急预案演练效果进行全面评估，撰写应急预案演练评估报告，分析存在的问题，并对应急预案提出修订意见，对不足的应急资源进行补充、完善。

6.应急预案评估及修订

项目建设施工单位应建立应急预案定期评审制度，对预案内容的针对性和实用性进行分析评估，并对应急预案进行必要的修订，无特殊原因每年度进行一次修订。如有以下原因应及时对应急预案进行修订：①新的相关法律法规颁布实施或新的相关法律法规修订实施；②通过研究预案演练或经突发事件检验，发现应急预案存在缺陷或漏洞；③预案中组织机构发生变化。

7.应急资源管理

①劳资充分，现场施工人员可统一组织调用进行应急抢险工作。②消防设施：施工前期现场具有施工消防水系统和移动消防器材。③医疗设施：施工承包商设置现场医务所。④治安保卫：施工现场有治安保卫系统。⑤通信联络：固定电话、手机、对讲机。

参 考 文 献

[1] 白小锐.水利工程施工安全管理浅议[J].河南水利与南水北调，2020，49
（9）：63＋65.

[2] 陈立军.浅谈如何加强水利工程施工安全管理[J].农业科技与信息，2020
（17）：106-107.

[3] 陈利.水利工程施工安全管理存在的问题与对策[J].住宅与房地产，2020
（9）：168.

[4] 丁雪松.水利工程施工现场安全管理问题与对策[J].黑龙江水利科技，
2021，49（4）：207-209.

[5] 段永安.水利工程施工安全管理研究[J].建材与装饰，2018（9）：288-289.

[6] 巩河贤.水利工程施工中的安全管理与质量控制探讨[J].河北农机，2021
（1）：132-133.

[7] 巩继萍.水利工程施工安全管理问题探讨[J].内蒙古煤炭经济，2021（7）：
108-109.

[8] 郭庆江.水利工程施工安全管理关键探索[J].产业创新研究，2020（12）：
151-152.

[9] 何彦兵.水利工程施工安全管理标准化探究[J].大众标准化，2023（3）：
156-158.

[10] 胡芸川.水利工程施工安全管理关键探索[J].城市建设理论研究（电子
版），2020（18）：113-114.

[11] 华希泽.基于水利工程施工安全管理探析[J].黑龙江水利科技，2019，47
（9）：131-133.

[12] 黄静，刘爱华，褚廷芬. 水利工程施工的安全管理探讨[J]. 中国设备工程，2021（6）：200-201.

[13] 贾东杰. 水利工程施工中安全管理及探析[J]. 内蒙古水利，2022（8）：72-73.

[14] 江德琼. 水利工程施工中的质量控制与安全管理[J]. 河北水利，2020（1）：38＋40.

[15] 姜子南，戴维. 基于危险源的水利工程施工全过程安全管理研究[J]. 中国水能及电气化，2020（4）：14-17.

[16] 李兵兵. 水利工程施工安全管理探析[J]. 中国勘察设计，2022（04）：88-90.

[17] 李诚. 水利工程施工安全管理标准化探究[J]. 建筑技术开发，2020，47（5）：80-81.

[18] 李国贤. 水利工程施工安全管理研究[J]. 四川水泥，2018（5）：207＋266.

[19] 李骁. 论水利工程施工安全管理和质量控制策略[J]. 科技与创新，2016（23）：52.

[20] 李仲茂. 水利工程施工安全管理与控制[J]. 中国高新科技，2021（4）：78-79.

[21] 连宇. 浅谈水利工程施工安全管理[J]. 科技创新与应用，2017（16）：212.

[22] 刘公海. 水利工程施工安全管理缺陷及对策研究[J]. 四川建材，2019，45（4）：221-222.

[23] 刘剑堂. 中小型水利工程建设施工安全管理隐患及对策探讨[J]. 科技风，2021（14）：195-196.

[24] 刘同旭. 水利工程施工现场危险源安全管理措施[J]. 黑龙江水利科技，2021，49（2）：230-233.

[25] 卢永强. 水利工程施工质量与安全管理措施探析[J]. 中小企业管理与科技（上旬刊），2020（1）：161-162.

[26] 马国辉.浅谈某水利工程项目施工安全管理办法[J].四川建材，2021，47（12）：223-224.

[27] 马涛.试论水利工程施工中的安全管理及质量控制[J].四川建材，2022，48（6）：223-224.

[28] 马小千.水利工程施工安全管理的相关问题及应用策略[J].智能城市，2020，6（22）：99-100.

[29] 孟天琦.水利工程施工安全管理问题探讨[J].四川建材，2022，48（1）：222-223.

[30] 莫绍华.水利工程施工中的安全管理[J].建材与装饰，2019（30）：292-293.

[31] 聂存明.浅析水利工程项目施工安全管理问题及管理创新[J].农业开发与装备，2019（11）：105＋114.

[32] 欧阳立春.水利工程现场施工安全管理提高策略[J].居舍，2021（21）：148-149.

[33] 任江峰.基于OHSMS的水利工程施工安全管理研究[J].吉林水利，2018（12）：51-53.

[34] 舒韩友.浅谈水利工程施工现场安全管理现状与对策[J].水利技术监督，2020（6）：16-17＋98.

[35] 苏富军.浅议水利工程施工中的安全管理与质量控制[J].发展，2020（08）：88-89.

[36] 汪海涛，崔立柱.浅析水利工程施工中的安全管理和质量控制[J].治淮，2022（9）：87-88.

[37] 王建英.影响水利工程施工安全管理的相关因素和改善策略[J].科技创新导报，2019，16（33）：13＋15.

[38] 王日新.水利工程施工中的质量控制与安全管理探讨[J].工程技术研究，2021，6（13）：178-179.

[39] 王腾.加强水利工程施工安全管理有效策略分析[J].科技创新导报,
    2019, 16（33）: 171＋173.

[40] 吴凯文, 孟剑伟, 马超男.强化水利工程施工安全管理的探索[J].工程建
    设与设计, 2018（5）: 183-185.

[41] 吴树银.水利工程施工中的安全管理与质量控制探讨[J].建材与装饰,
    2020（21）: 292-293.

[42] 杨帆.水利工程施工安全管理关键探索[J].农家参谋, 2020（9）: 145.

[43] 尹远锋.水利工程施工质量与安全管理措施探析[J].现代物业（中旬刊）,
    2019（11）: 116.

[44] 余临颖.水利工程施工安全管理分析[J].工程建设与设计, 2022（18）:
    242-244.

[45] 苑长春.浅谈水利工程施工安全管理存在的问题与对策[J].科技创新与
    应用, 2017（7）: 223.

[46] 张研宇.水利工程施工安全管理及控制对策探析[J].地下水, 2021, 43
    （1）: 230-231.

[47] 赵力维.水利工程施工中的安全管理措施[J].居舍, 2020（23）: 147-148
    ＋182.

[48] 郑艳辉.中小型水利工程建设施工安全管理隐患及对策探讨[J].黑龙江
    水利科技, 2020, 48（1）: 145-146.

[49] 朱士成, 任晨曦.水利工程施工现场机械设备安全管理分析[J].中国设备
    工程, 2022（12）: 65-67.